AF356262

AGRICULTURE FRANÇAISE.

DÉPARTEMENT DE LA HAUTE-GARONNE.

AGRICULTURE

FRANÇAISE,

PAR MM. LES INSPECTEURS DE L'AGRICULTURE.

PUBLIÉ

D'APRÈS LES ORDRES DE M. LE MINISTRE

DE L'AGRICULTURE ET DU COMMERCE.

DÉPARTEMENT DE LA HAUTE-GARONNE.

Scribitur ad narrandum.

PARIS.

IMPRIMERIE ROYALE.

M DCCC XLIII.

AGRICULTURE

DU DÉPARTEMENT

DE LA HAUTE-GARONNE.

SITUATION GÉOGRAPHIQUE

DU DÉPARTEMENT.

Le département de la Haute-Garonne emprunte son nom à la Garonne, qui prend sa source non loin de son extrémité méridionale et le traverse dans sa plus grande étendue. Borné au nord par le département de Tarn-et-Garonne; à l'est, par les départements du Tarn et de l'Aude; au sud, par le département de l'Ariége et l'Espagne; à l'ouest, par les Hautes-Pyrénées et le Gers, il occupe, dans la partie occidentale du midi de la France, une superficie de 642,533 hectares. Il s'étend depuis 0° 20′ jusqu'à 1° 54′ de

longitude à l'ouest de Paris, et depuis 42°
40′ jusqu'à 43° 53′ ½ de latitude. Sa figure
est très-irrégulière.

SOL.

Le département de la Haute-Garonne peut
être considéré comme une vaste plaine cou ·
pée, dans certaines parties, par des coteaux,
dont les principales chaînes courent du midi
au nord et du sud-est au nord-ouest. A partir de la ville de Rével, dans l'arrondissement
de Villefranche, le sol, très-déprimé en cet
endroit, se dresse tout à coup pour former
la montagne Noire. A mesure qu'on s'avance
vers la partie méridionale du département,
son assiette offre un surexhaussement pro-
gressif. Tandis que les arrondissements de
Toulouse, de Villefranche et de Muret sont
traversés par de simples coteaux plus ou
moins élevés, celui de Saint-Gaudens devient
de plus en plus montueux ; à droite et à

gauche se dessinent les premiers mamelons
des Pyrénées; Aspet présente déjà des montagnes assez importantes; Saint-Béat, Saint-
Bertrand forment les contre-forts de la grande
chaîne des Pyrénées; enfin, le canton de Bagnères-de-Luchon, placé aux limites du département, à 926 mètres au-dessus du niveau
de la mer, vient clore son étendue au pied
du port de Vénasque, dont le point culmi-
nant, séparant la France de l'Espagne, mesure
2,462 mètres de hauteur.

La plus grande partie du sol de la Haute-
Garonne appartient géologiquement au terrain
tertiaire. Dans les trois arrondissements de
Toulouse, Villefranche et Muret, c'est le terrain d'alluvion qu'on rencontre exclusivement;
il forme encore une partie du sol de l'arrondissement de Saint-Gaudens, jusques et y compris la plaine de Valentine; mais, à compter
de ce point, on observe une grande variété

dans la composition du sol. Ainsi les communes renfermées dans le triangle formé par les villages de Soueich, Labroquère et Saint-Pé, reposent sur le terrain crétacé; Aspet, Saingoignet et la vallée du Gers ont tous les caractères des terrains de transition; les communes de Chaun, Burgalais et la montagne de Cagire sont assises sur le granit; le terrain amphibolique secondaire se montre autour de Saint-Béat; la commune de Cierp possède le calcaire primitif, et la vallée de Luchon, qui lui fait suite, vient se ranger parmi les terrains de transition : le schiste argileux et le schiste micacé y dominent.

Étudié sous le point de vue agricole, le sol de la Haute-Garonne se compose de plusieurs natures de terres bien tranchées; les principales sont les terres-forts, les boulbènes argileuses, les boulbènes siliceuses et graveleuses, et les terres calcaires.

Sous le nom de *terres-forts*, on désigne, dans le département, cet excellent sol argileux produit par les alluvions, propre à toutes les récoltes, mais particulièrement au blé, au maïs, aux fèves, au colza, au trèfle et à la luzerne. La chaleur et les gelées l'ameublissent complétement; il résiste très-bien aux sécheresses de l'été et conserve fort longtemps le principe fertilisant des engrais, lorsqu'on a soin de proportionner les récoltes épuisantes à la quantité de fumier dont on dispose.

Ce terrain précieux se rencontre dans les vallées du Touch, de l'Hers et du Girou; sur la rive droite de la Garonne, dans l'arrondissement de Toulouse, sur les bords du canal, dans la plaine de Villefranche, dans le canton de Montgiscard et dans quelques parties de l'arrondissement de Saint-Gaudens.

Le nom de *boulbènes argileuses* s'applique aux terres silico-argileuses qui, naturellement froides, ont besoin d'être saignées et d'être réchauffées par des engrais énergiques, ou, mieux encore, par l'emploi des fumiers combinés avec l'application de la marne ou de la chaux. L'arrondissement de Toulouse, les cantons de Montgiscard, de Caraman, dans l'arrondissement de Villefranche, offrent des exemples de cette espèce de terrain ; on la retrouve encore dans plusieurs parties de l'arrondissement de Muret, notamment à Carbonne et à Saint-Sulpice, ainsi qu'auprès de la belle et fertile plaine de Valentine (arrondissement de Saint-Gaudens).

Les *boulbènes siliceuses et graveleuses,* connues généralement dans le pays sous la dénomination de *boulbènes légères,* comprennent tous les terrains dont le sable ou le gravier constitue le principe dominant. Tantôt le sable

se trouve mêlé à une faible proportion d'ar-
'gile, et sa fertilité est alors en raison directe
de la quantité d'argile qu'il renferme : telles
sont les terres à seigle et à vigne des cantons
de Fronton et de Villaudric, dans l'arrondissement de Toulouse, une partie de l'arrondissement de Saint-Gaudens et la plupart des
terres de l'arrondissement de Muret.

Tantôt la boulbène consiste en terres *graves*,
c'est-à-dire que la couche arable, très-super-
ficielle, repose sur un sous-sol dans lequel
les galets abondent, ou sur un tuf ferrugi-
neux extrêmement compact; dans ce cas, le sol
est livré aux variations de l'atmosphère, les
plantes y souffrent également de la sécheresse
et des pluies continues. Cette espèce de terrain, dont la rente paye à peine les frais de
culture, se rencontre surtout dans certaines
localités situées sur la rive gauche de la Garonne, aux environs de la ville de Rével et

dans plusieurs cantons de l'arrondissement de Muret.

Les *terres calcaires* constituent le noyau de la plupart des coteaux qui traversent le département. Un grand nombre de ceux-ci sont revêtus d'une couche d'argile plus ou moins compacte, dont le mélange avec la chaux carbonatée permet d'y cultiver certaines plantes fourragères, telles que les fèves et la vesce, et, mieux encore, le sainfoin. La vigne y réussit aussi très-bien à l'exposition du midi; les versants qui regardent le nord sont très-favorables à la production du bois. On n'aurait jamais dû changer cette destination première, dont le principal effet était d'alimenter les sources et de tempérer la chaleur du climat en assurant en même temps d'utiles ressources pour les constructions.

Quelques-uns de ces coteaux, bien que

peu élevés, présentent cependant des pentes assez abruptes pour que les fortes pluies d'orage y causent de grands dégâts en les dépouillant de leur terre végétale et en y creusant des ravines profondes. L'exemple donné par plusieurs propriétaires éclairés du département fournit un moyen sûr d'obvier à ce double inconvénient : il s'agit de boiser ces pentes rapides, soit avec des essences de chêne et d'orme, qui y réussissent très-bien, soit à l'aide d'arbres à fruits ou de mûriers, ou, plus économiquement encore, en y semant des prairies permanentes, dont le sainfoin formerait la base.

On pourrait encore, ainsi que cela se pratique dans certaines parties de la Provence et de la Lombardie, diviser le sol en terrasses artificielles, dans le but de diminuer la déclivité du coteau, et de le soumettre ensuite à des cultures variées. Ce dernier mode, tou-

tefois, exige une main-d'œuvre considérable,
aussi doit-il être réservé presque exclusivement à la petite culture, qui ne compte jamais
avec son temps et ses bras.

CLIMAT.

Le département, abrité du nord par les
montagnes des départements voisins, se trouve
défendu au midi par les Pyrénées contre les
chaleurs brûlantes. De cet état physique, il
résulte que la Haute-Garonne n'est point sou-
mise ordinairement à des températures ex-
trêmes; elle présente, en outre, cette particu-
larité remarquable, que sa partie méridionale
est sensiblement plus froide que les autres
localités, parce que les montagnes élevées qui
la bornent au sud, étant couvertes de neige
pendant une partie de l'année, projettent et
réfléchissent, en quelque sorte, le froid dont
elles sont frappées. Le climat du département

doit donc être étudié sous deux points de vue différents.

Dans les montagnes et les localités adjacentes, la température varie beaucoup. Les hivers sont longs et prématurés, les étés, au contraire, sont tardifs et très-courts; mais la végétation, excitée par une forte chaleur et favorisée par la fraîcheur continuelle de la terre, parcourt rapidement toutes ses phases. On se plaint généralement, dans ces régions, de l'influence fâcheuse exercée sur les récoltes par les brouillards. Ceux-ci règnent assez souvent sur la croupe des montagnes; ils s'élèvent du fond des vallées et circulent lentement le long des hauteurs jusqu'à ce que le soleil les dissipe, que le vent les balaye ou qu'ils se condensent pour retomber en pluie; on leur attribue les deux maladies connues sous le nom de *rouille* et de *miellat*, propres aux céréales. Les pluies sont fréquentes au

printemps dans les montagnes. Les vents
d'ouest et de nord-ouest sont ceux qui y dominent ; parfois aussi, elles sont exposées à
des coups de vent terribles, espèces d'oura-
gans qui déracinent les arbres et détruisent
les récoltes ; ces fleaux, heureusement, sont
fort rares.

Les hautes montagnes, cependant, ne sont
pas les seuls endroits du département où le
climat s'éloigne de celui de la plaine ; les
nombreux coteaux qui le coupent en divers
sens et les vallées dont ils forment la cein-
ture, présentent, à de courtes distances, des
différences considérables de température. Le
soleil, ne pénétrant dans certaines gorges
étroites que pendant quelques heures du jour,
laisse le sol en proie à un froid plus ou moins
vif, tandis que ses rayons, frappant directement la surface inclinée des coteaux et trou-
vant un accès plus facile dans les petites val-

lées, y répandent une chaleur d'autant plus forte, que celle-ci est plus concentrée; aussi, n'est-il pas rare de voir des moissons précoces au milieu de ces abris naturels.

Le climat de la plaine ne ressemble en rien à celui de la montagne. Il serait moins iné-gal, si le vent *d'autan*, vent du sud-est, n'éle-vait tout à coup la température à un degré de chaleur considérable, et n'apportait une grande perturbation dans la marche des sai-sons. L'hiver, le thermomètre ne descend pas, en moyenne, au-dessous de 3 ou 4 degrés. Les pluies commencent en novembre, elles continuent dans le mois de décembre et se prolongent jusqu'en mars et en avril, mais en laissant entre elles de longs intervalles de beau temps dont on profite pour exécuter les labours d'hiver; ceux-ci, en général, ne rencontrent pas d'obstacles sérieux dans la plupart des localités. Il n'en est pas de même

des cultures d'été. Dans certaines années, notamment dans celle qui vient de s'écouler
(1840), le sol est frappé, pendant des mois
entiers, d'une sécheresse continue qui com-
promet les récoltes du maïs et de la vigne,
détruit souvent la troisième coupe de luzerne
et son regain, et brûle les jeunes semailles de
trèfle ; les champs ressemblent alors à un dé-
sert aride où toute végétation a disparu. Les
brouillards de la plaine sont regardés par les
cultivateurs de la Haute-Garonne comme très-
préjudiciables aux récoltes de blé ; ils ne sont
fréquents que le long des petites rivières et
dans les vallées resserrées ; dans les plaines
découvertes, ils sont promptement dissipés
par les vents et, partant, causent peu de mal.
Les rosées, très-abondantes depuis mai jusqu'à la fin de juin, expliquent le luxe de la
végétation à cette époque ; ce bienfait lui
est enlevé chaque fois que souffle le vent
d'autan.

Les vents principaux qui règnent dans la
plaine sont ceux de l'est et du couchant ; le
premier décline ordinairement vers le sud, et
amène la pluie ; l'ouest, souvent impétueux,
produit le même effet ; en se combinant avec
le nord, il devient sec et froid. Les plus grands
vents coïncident avec l'époque des équinoxes.
L'est-sud-est procure souvent de beaux jours
pendant l'hiver, il leur communique la chaleur douce du printemps, et, si la terre possède alors quelque humidité, il favorise le développement des récoltes, circonstance dont
le cultivateur ne se loue qu'autant que la température qui succède n'est pas contraire à cette
végétation anormale. Le vent le plus redouté
est le vent d'autan, et ce n'est pas sans raison.
A peine a-t-il soufflé, le ciel s'embrase, la terre
se dessèche et se fend, la végétation souffre,
languit, s'arrête ; devient-il violent, il couche
et égrène les récoltes ; l'été, il provoque les
orages ; dans les autres saisons, il amène la

pluie, et, plus rarement, le beau temps. Son
action sur l'organisme animal n'est pas moins
appréhendée. La chaleur étouffante qui accom-
pagne le vent d'autan le rend presque insup-
portable pendant les mois de juillet, août et
septembre; le corps est abattu, toute espèce
d'occupation devient pénible, et l'on se trouve
dominé par une somnolence invincible. Cet
état accablant cesse avec le changement du
temps. Les stations du vent d'autan durent
ordinairement trois ou quatre jours; il saute
ensuite à l'ouest, et l'on en est délivré pour
un temps plus ou moins long.

Les orages ne sont pas rares dans la Haute-
Garonne. C'est sur les hautes montagnes que
le fluide électrique se concentre, c'est aussi
de là que partent les nuages chargés de grêle
pour se répandre dans toutes les directions et
ravager les récoltes. Un grand nombre de propriétaires et de cultivateurs prétendent que

la grêle est plus fréquente aujourd'hui, et ils
l'attribuent aux défrichements inconsidérés
qu'on a exécutés dans les régions élevées du
département. Suivant eux, les nuages orageux,
n'étant plus arrêtés par les forêts qui cou-
vraient le flanc des montagnes, seraient chas-
sés sur la plaine, et y porteraient la dévasta-
tion ; mais ces défrichements, tout blâmables
qu'ils soient, sont trop peu considérables re-
lativement à l'étendue du département, pour
qu'on puisse leur attribuer un changement
aussi notable dans le climat ; tout porte à
croire qu'on ignore encore la véritable cause
du retour plus fréquent de ce météore.

En résumant les détails qui précèdent, on
peut conclure que le département de la Haute-
Garonne est un de ceux où l'inconstance du
climat se fait le plus sentir ; un dernier exemple
mettra cette vérité hors de doute. Le relevé de
la hauteur moyenne du baromètre, dans les

parties les plus élevées du département, donne
les résultats comparatifs suivants :

A Toulouse, la hauteur moyenne du baromètre est de 732 millimètres;

A Martres, elle est de 738 millimètres;

A Saint-Béat, de 726 millimètres;

A Bagnères-de-Luchon, de 719 millimètres;

Au village d'Oo, de 708 millimètres.

La conséquence à tirer de ce tableau, c'est
que, toutes choses d'ailleurs égales, la température étant en rapport avec la pression de
l'atmosphère, le département de la Haute-
Garonne est soumis à une grande inégalité de
climat; il n'y a donc pas lieu de s'étonner si
la production agricole n'est pas la même dans
toutes les localités, et si telle pratique avantageuse, qu'on avait observée dans un arrondissement, ne se retrouve plus ailleurs. La

considération du sol ne suffit plus pour expliquer la cause d'un changement de pratique.
Cette connaissance indispensable du climat
sert encore à justifier le système uniforme
des cultures, là où les conditions atmosphériques sont semblables, et tel qui, au premier
coup d'œil, accuse l'agriculture d'un pays, et
serait tenté de la croire arriérée, réforme son
jugement en examinant les diverses influences
sous lesquelles s'exerce le travail des terres,
et répète ce vieil adage de nos pères : « En
« agriculture, on ne fait pas ce que l'on veut;
« l'art consiste à faire habilement ce que l'on
« peut. »

ROUTES ET COURS D'EAU.

Le département de la Haute-Garonne est
heureusement partagé sous le rapport des
voies de communication.

Indépendamment de quatre rivières navigables, il possède plusieurs cours d'eau d'une assez grande étendue, savoir : le Touch, la Louge, la Save, le Girou et le Gers. Les rivières navigables sont : l'Ariége, le Salat, le Tarn et la Garonne; il n'est traversé que par un seul canal, celui du Midi.

Les routes, au nombre de 36, sont réparties de la manière suivante :

ROUTES ROYALES.

Route n° 20, de Paris à Toulouse.

      n° 88, de Lyon à Toulouse.

      n° 112, d'Agde à Toulouse.

      n° 113, de Narbonne à Toulouse.

      n° 117, de Perpignan à Bayonne.

      n° 125, de Toulouse à Bagnères-de-Luchon.

ROUTES DÉPARTEMENTALES.

De Toulouse à Castres par Puylaurens.

      à Sorrèze par Labastide , Saint-Félix et Revel.

De Toulouse à Bayonne par Lombez.

à Montauban par Fronton.

à Saint-Girons par Rieux.

à St-Sulpice-de-Lezat par Beaumont.

à Lectoure par Mondonville.

De Villefranche à Auterive par Nailloux.

De Saint-Gaudens à Notre-Dame-du-Bazer.

De Toulouse à Mirepoix par Aiguevives et Gardouch.

De Saint-Martory à Saint-Béat par Monsaunès.

De Toulouse à Rével par Caraman.

Arrondissement de Toulouse.

De Toulouse à Saint-Nicolas-de-la-Grave.

à Salvagnac par Cepet et Villemur.

à l'entrée de la forêt de Bouconne.

De Montauban à Lavaur par Buzet.

De Grenade à Lombez.

De Verdun à Cadours.

Arrondissement de Villefranche.

De Baziége à Lavaur par Caraman.

De Rodaz à Tarascon.

De Villefranche à Rével.

à Foix par Mazères et Pamiers.

Arrondissement de Muret.

De Boulogne à Martres par Aurignac.

De Muret à Boulogne, Ciadoux, l'Ile-en-Dodon, par Rieumes.

De Rieux à Saint-Ibars.

De Muret à Auterive.

Arrondissement de Saint-Gaudens.

De Cierp en Espagne par Saint-Béat.

De Saint-Gaudens à Lombez par Latour.

De Saint-Gaudens à Encosse et à Aspet.

De Boulogne à Ponlat.

POPULATION ET CONSTITUTION PHYSIQUE
DES HABITANTS.

Le département de la Haute-Garonne compte 454,727 habitants, répartis de la

manière suivante entre les quatre arrondissements qui le composent :

CHEFS-LIEUX d'arrondissement.	POPULATION		
	des communes.	des arrondissem.	du département.
Toulouse........	77,372	759,064	
Villefranche.....	2,765	63,101	
Muret.........	3,970	88,994	454,727
Saint-Gaudens...	6,020	143,568	

Les habitants de la Haute-Garonne sont,
en général, d'une taille moyenne, et se font
remarquer par leur forte constitution; toutefois, des différences sensibles existent, sous
ce dernier rapport, entre l'homme de la
plaine, celui de la montagne et celui de la
vallée.

Le premier, vivant dans un climat tem-

péré et n'ayant besoin que d'un travail ordinaire pour pourvoir à son existence, offre
des habitudes plutôt lentes que vives, et un
tempérament en harmonie avec ses mœurs
naturellement portées au loisir et à une certaine indifférence. Le second, au contraire,
vif et agile, endurci de bonne heure aux
changements brusques de l'atmosphère, ac-
coutumé à braver le chaud et le froid, n'assure son existence qu'à force de courage et
par une lutte incessante contre des obstacles
de toute sorte; aussi l'énergie forme-t-elle
le trait saillant de son caractère, et sa com-
plexion est-elle extrêmement vigoureuse. Ces
qualités sont manifestes chez tous les monti-
coles. Il n'en est pas de même des populations
qui vivent au fond des vallées étroites ; étio-
lées et chétives, elles ont le teint pâle, le
tempérament lymphatique et les habitudes
paresseuses ; c'est aussi parmi elles qu'on
trouve le plus de goîtres, genre d'affection

qui coïncide toujours avec le défaut d'inso-
lation, la stagnation d'un air chaud et humide,
et la privation des choses les plus nécessaires
à la vie. Cette triste condition tend, du reste,
à disparaître. Ce qui formait autrefois le sort
général de vallées entières, n'est plus aujour-
d'hui que le partage exceptionnel d'une extrême misère dont les exemples deviennent
heureusement de jour en jour plus rares,
grâces aux voies de communication que le gou-
vernement a ouvertes, aux assainissements
effectués par l'autorité locale, ainsi qu'au progrès de l'agriculture, qui, faisant entrer le
lin et la pomme de terre dans les assolements
de ce pays, ont permis à la classe indigente
d'être mieux vêtue et plus abondamment nourrie; deux causes principales d'amélioration
auxquelles on ne saurait trop recourir toutes
les fois qu'on veut combattre la plupart des
maladies héréditaires qui affectent les populations nécessiteuses.

ÉTAT DE LA PROPRIÉTÉ.

Le département de la Haute-Garonne est essentiellement agricole ; le petit nombre de manufactures qu'on y rencontre n'apportent nulle part d'entraves sérieuses aux travaux des récoltes, et le salaire des ouvriers dans les villes n'exerce point d'action sensible sur le prix de la main-d'œuvre dans la campagne.

A l'exception de la partie méridionale du département, où les terres sont chaque jour de plus en plus morcelées, la grande propriété domine encore dans tous les arrondissements ; mais elle s'y trouve restreinte à cette heureuse division qui participe à la fois des avantages de la grande et de la petite culture. Il en résulte que le blé et le maïs conservent, dans la Haute-Garonne, la place

importante que ces céréales devraient toujours occuper, dans l'intérêt bien compris
des populations, là où le sol n'est point mor-
celé à l'infini, et que les plantes, telles que le
colza, la camomille, les haricots, dont la culture plus chanceuse exige aussi des soins plus
minutieux, n'y sont considérées que comme
d'utiles auxiliaires pour varier le cours des assolements, et surtout pour fournir aux besoins
du ménage et occuper les bras disponibles à
certaines époques de l'année.

Dans les arrondissements de Toulouse,
Villefranche et Muret, la plupart des exploitations rurales ont de 25 à 40 hectares;
quelques-unes comprennent jusqu'à 100 hectares, mais ces dernières sont de véritables
exceptions. Le morcellement des propriétés
commence avec l'arrondissement de Saint-
Gaudens; il devient plus sensible à mesure
qu'on s'avance dans le canton d'Aspet; il

s'accroît encore dans celui de Saint-Béat, et parvient à son dernier terme dans le canton de Bagnères-de-Luchon. Les habitants de cette localité, non contents d'avoir partagé en tous sens le fonds étroit qui forme la vallée, ont successivement défriché les coteaux, puis les montagnes inférieures; aujourd'hui ils en sont réduits à transporter leur funeste industrie à des hauteurs tellement escarpées, que la position de celui qui les cultive ou qui y moissonne n'est pas sans danger. Il est facile de prévoir l'époque où ces terrains seront entièrement dépouillés de terre végétale, par suite des orages qui y éclatent chaque année. Tôt ou tard la misère ne peut manquer de faire justice de ces envahissements insensés, si l'on n'y remédie par le reboisement ou par des pâturages permanents. De tels abus réclament une prompte répression.

CONSTRUCTION DES EXPLOITATIONS RURALES.

Les bâtiments d'exploitation occupent ordinairement le centre des propriétés. Si le
domaine est très-étendu, on le divise en
plusieurs métairies, dont chacune comprend
5o à 6o arpents de la mesure du pays (56 ares
9o centiares). Rarement les bâtiments sont
groupés les uns auprès des autres de manière
à figurer un corps de ferme. Les métairies
qui ne font pas partie des villages sont isolées
au milieu des champs ou placées le long des
chemins ; elles se composent des bâtiments
nécessaires pour loger les gens attachés au
service de la métairie, ainsi que le bétail de
trait ou de rente qui en dépend.

Les constructions sont bâties en charpentes
légères, enduites de pisé et recouvertes par

une toiture en tuile ; leur disposition est rarement régulière. En général, on y voit un bâtiment central destiné au métayer et servant aussi de grenier, une étable à bœufs, une bergerie lorsqu'il existe des bêtes ovines dans l'exploitation, et un ou plusieurs hangars où l'on remise les voitures et où sont déposés les instruments aratoires.

Le métayer habite ordinairement au rez-de-chaussée avec sa famille ; la même pièce sert encore, le plus souvent, au service de la cuisine et aux opérations du ménage. Une telle exiguïté dans l'emplacement force les enfants de tout sexe et de tout âge à partager la même chambre conjointement avec leurs père et mère. Il serait donc à désirer que les propriétaires s'empressassent de remédier à un état de choses aussi contraire à l'hygiène qu'à la morale. En pareille matière, il est de leur devoir d'aller au-devant de réclamations

qu'on n'ose leur adresser, et dont l'étranger
seul a connaissance.

L'étable est presque toujours attenante à
·la maison d'habitation. Les bœufs y sont lo-
gés deux à deux, dans des cases de 3 mètres
environ de longueur. Dans les anciennes
étables, les animaux sont tous placés sur
un seul rang ; dans les nouvelles, ils sont
sur deux rangs, la tête tournée vers le mur ;
une allée, ménagée au milieu de l'étable,
sépare chaque rangée de bœufs. Les auges,
généralement en bois, s'élèvent à 80 centimètres au-dessus de terre. Les barreaux des
râteliers sont éloignés les uns des autres par
un intervalle de 11 centimètres. Un coin
spécial est réservé, dans l'étable, pour les
fourrages verts ; les fourrages secs sont déposés dans le fenil placé au-dessus de l'étable, dont il n'est séparé que par une cloison
en planches mal jointes, disposition vicieuse

qui expose une partie de ces fourrages aux miasmes des animaux, et qu'un grand nombre de propriétaires aggravent encore, en pratiquant dans le plafond une ouverture permanente, par laquelle on introduit les fourrages dans l'étable.

Les bergeries, tantôt contiguës au logement du métayer, tantôt situées à quelque distance du bâtiment principal d'exploitation, laissent beaucoup à désirer ; dans la plupart, les bêtes manquent d'air. On cherche à utiliser une portion de la bergerie, en établissant, vers le milieu de sa hauteur, un plancher plus ou moins percé à jour, destiné à recevoir des fourrages. Il suit, de cet abaissement disproportionné, que l'air, raréfié par la respiration des animaux et par la fermentation du fumier, qu'on laisse trop longtemps séjourner sous les moutons, leur occasionne des maladies dont on impute l'origine à toute autre cause. Chacun sait cependant que les bêtes ovines, préservées naturellement du froid par une toison épaisse, ont surtout à craindre la chaleur, et que l'air renouvelé, loin de nuire à leur santé, comme le croient beaucoup de bergers, est un puissant moyen d'entretenir leur vigueur et de donner à la laine du nerf et de l'élasticité. Ces qualités lui manquent toutes les fois que le développement du brin est le résultat d'une transpiration forcée. Au lieu donc de boucher les rares issues par lesquelles l'air extérieur peut s'introduire dans la bergerie, il faut les tenir toujours libres, même pendant l'hiver, et ménager des courants d'air, en évitant de pratiquer les ouvertures du côté de l'est, à cause du vent d'autan. Les brebis portières et les agneaux sont les seuls qui exigent, pendant un certain temps, une température chaude; il est facile de la leur procurer, au moyen de planches ou de claies à l'aide desquelles on

établit des cases spéciales dans l'intérieur de
la bergerie, et qu'on peut toujours enlever à
volonté.

COMPOSITION DES EXPLOITATIONS RURALES.

Le nombre des bêtes de travail et de rente
attachées aux exploitations rurales est à peu
près semblable dans les métairies de même
contenance; les quatre arrondissements offrent peu de différence à cet égard.

Sur la rive gauche de l'arrondissement de
Toulouse, dans les métairies de 22 à 25 hectares, on n'a qu'une seule paire de bœufs de
travail, lorsque la propriété comprend 4 à
5 hectares de vignes; tout le bétail de rente
consiste en une trentaine de bêtes à laine,
qui trouvent à peine de quoi vivre sur les
jachères de cette terre ingrate.

Sur la rive droite, les terres, plus fortes,

exigent le double de bêtes de trait. On compte
deux paires de bœufs par 25 hectares; le
nombre et l'espèce des bêtes de rente varient
suivant qu'on est plus ou moins éloigné du
chef-lieu. Autour de Toulouse, certains propriétaires ont un troupeau de 10 à 12 vaches,
et vendent leur lait à la ville lorsqu'ils ne le
convertissent point en beurre. Les métairies
de 25 à 30 hectares nourrissent ordinairement 50 ou 60 brebis laitières et quelques
bêtes bovines; les agneaux sont vendus à
deux mois; le lait des brebis est ensuite
porté à la ville. Ce commerce est particulièrement répandu dans la vallée de Lhers;
dans celle du Girou, on préfère s'adonner à
l'élève des bêtes bovines et ovines : le nombre des bêtes de rente varie dans ces deux
localités.

Dans certaines parties de l'arrondissement
de Villefranche, les métairies de 20 à 25 hec-

3.

tares entretiennent 4 paires de bœufs, 60 bêtes à laine et 4 ou 5 porcs.

Dans d'autres endroits, on a, pour la même étendue de terrain, 3 paires de bêtes de travail (bœufs ou vaches), 1 paire d'élèves, et 60 bêtes à laine

M. Terson, propriétaire à Revel, affecte au service d'une métairie de 22 hectares 2 bœufs et 5 vaches de travail, 3 génisses, 2 truies, 65 bêtes à laine et 2 juments. Il estime qu'il faut 2 paires de bœufs ou 60 moutons pour fumer un hectare. Il va sans dire qu'il ne s'agit pas ici d'animaux à l'engrais, mais simplement de bêtes qui reçoivent chaque jour la ration nécessaire à leur entretien.

Dans les bonnes terres de l'arrondissement de Muret, notamment dans les cantons de Carbonne et d'Auterive, les métairies de 20 hectares entretiennent généralement 3 paires de bœufs, 5 ou 6 jeunes bêtes de croît, un lot plus ou moins fort de bêtes à laine, et 2 ou 3 porcs.

Dans les terres médiocres, on ne tient guère qu'une seule paire de bœufs ou deux paires de vaches destinés au travail.

Dans les cantons d'Aurignac, de Bouloigne, de l'Ile-en-Dodon, de Saint-Gaudens et de Montrejeau, les propriétés offrant généralement la même étendue que dans les autres arrondissements, le nombre d'animaux attachés à chaque métairie ne diffère pas sensiblement. Il n'en est pas de même dans le reste de l'arrondissement de Saint-Gaudens ; le nombre des bêtes de travail diminue à mesure que les propriétés sont plus morcelées ; à tel point même que, dans les cantons d'Aspet, de Saint-Béat et de Bagnères-de-

Luchon, le travail manuel remplace fréquemment celui des animaux. La proportion des bêtes de croît et de rente, au contraire, s'y trouve plus forte que partout ailleurs, en raison des nombreuses ressources que présentent les pâturages communaux des montagnes.

Cette différence, qui fait pencher ici la balance en faveur des pays où les communaux sont le plus étendus, indique clairement quel est le défaut radical de l'agriculture dans le reste du département. La proportion des bêtes de rente y est en effet trop faible, conséquence inévitable du rôle secondaire que les prairies artificielles remplissent là où elles devraient former la base des assolements. Depuis plusieurs années cependant, de grandes améliorations ont eu lieu sous ce rapport. Les propriétaires, plus éclairés, ont compris que, sans un bétail nom-

breux et bien nourri, il ne peut y avoir de
progrès sérieusement établis. La plupart ont
renoncé aux ressources insuffisantes du pâturage, et nourrissent aujourd'hui leur bétail
à l'étable, à l'aide de quelques hectares de
vesces, de luzerne et de trèfle qu'ils lui con-
sacrent; mais peu d'entre eux osent encore
se livrer à l'engraissement. On craint les mé-
comptes, ou, pour parler plus franchement,
on ne veut faire aucune avance de capitaux,
dont la terre cependant, mieux fumée, paye-
rait largement les intérêts. On veut, avant
tout, agrandir son domaine, sans s'inquiéter
de cette vérité, que l'abondance des produits
dépend plutôt des soins qu'on donne aux
récoltes que de l'étendue de terrain qu'on
cultive. On craint surtout de heurter les
préjugés des gens de la campagne, aux yeux
desquels toute culture, autre que celle des
céréales et des farineux, est préjudiciable,
et qui, dans l'augmentation du bétail, ne

voient, la plupart du temps, qu'un surcroît
d'occupations pour le métayer ou le maître-
valet. Ajoutons que le genre de vie adopté
par les propriétaires, dont le plus grand
nombre ne séjourne que momentanément et
par loisir dans leurs terres, s'opposera longtemps à l'adoption générale d'un système qui,
exigeant plus de surveillance, ne peut être
entièrement abandonné à des soins merce-
naires. A part l'exemple de quelques hommes
courageux, tout entiers à l'agriculture, on re-
cule communément devant des améliorations
rurales qu'il faudrait acheter par le sacrifice
complet des habitudes de la ville.

MODES DE JOUISSANCE DU SOL.

Il existe trois manières principales d'ex-
ploiter le sol dans la Haute-Garonne : par
des fermiers, par des métayers, ou à l'aide
de maîtres-valets.

Le nombre des fermiers est tellement restreint dans le département, qu'on pourrait le
passer sous silence, s'il ne témoignait des
efforts tentés par certains propriétaires pour
adopter un meilleur système d'exploitation.
En effet, la plupart de ceux qui avaient affermé
leurs biens ruraux y ont renoncé et reviennent aux usages du pays. Il ne pouvait en être
autrement : d'une part, la division des terres,
dont les inconvénients augmentent à mesure que les successions ouvertes amènent le
morcellement des propriétés ; de l'autre, le
défaut de capitaux, qui se fait sentir de tous
côtés dans un pays où l'industrie et le commerce ne jouent qu'un rôle très-secondaire,
sont autant d'obstacles graves contre lesquels
la meilleure volonté devait se briser. Sauf de
rares exceptions, les fermiers, après six ou
neuf ans de jouissance, abandonnaient le sol
dans un état de dégradation déplorable, et
le propriétaire s'estimait heureux de résilier

un bail dont souvent il n'avait perçu aucun fruit. Rien d'étonnant s'il a renoncé, dans ces derniers temps, au mode d'exploitation par fermiers, sans contredit le plus favorable de tous aux progrès de l'agriculture, lorsque toutes les conditions de fortune, d'intelligence et de probité se trouvent réunies dans le preneur.

Les métayers étaient autrefois fort communs dans le département; on les retrouve encore nombreux dans certaines localités, notamment dans les arrondissements de Muret et de Saint-Gaudens; mais partout où la culture s'est améliorée, ils ont été remplacés, et aujourd'hui l'on s'accorde généralement, dans la Haute-Garonne, à regarder le métayage comme un système détestable, qu'on doit seulement préférer aux fermiers actuels. Trois considérations principales peuvent servir à expliquer cette révolution dans un usage dont l'origine remonte à la domination romaine, et qui, naguère encore, était universellement adopté.

Le métayage étant un contrat par lequel le propriétaire prend en nature, dans la récolte, une part proportionnelle dont la valeur représente la rente du sol et l'intérêt des avances, la casualité des récoltes peut amener chaque année une diminution dans le revenu. Il faut, en outre, exercer une surveillance plus ou moins laborieuse, selon le degré de probité du métayer; et si le propriétaire songe à apporter quelques changements dans son exploitation, ce n'est qu'à force de sacrifices qu'il peut dompter la résistance de l'homme qu'il emploie. Ces inconvénients atteignaient-ils le département de la Haute-Garonne? On n'en peut douter. La culture granifère domine dans ce pays; les brouillards et le vent d'autan coïncident avec l'é-

poque de la floraison et de la maturité des
blés ; il est rare que les récoltes ne souffrent
pas chaque année de ce double fléau. Le propriétaire, moins riche aujourd'hui qu'il ne
l'était autrefois, a donc un intérêt évident à
assurer ses propres revenus, en restreignant
la part qu'il accordait au métayer. En second lieu, les habitudes du pays, ennemies
de toute gêne, n'admettent qu'avec peine la
surveillance extrême qu'exige le métayage,
soit pour empêcher de détourner le temps,
les engrais et les cultures qui doivent être
appliqués à l'exploitation, soit pour suivre la
récolte des produits et la vente des denrées.
On conçoit aisément combien ces détails pe-
saient aux propriétaires. Leur position était-
elle indépendante, ils voulaient, avant tout,
jouir de leur aisance ; étaient-ils gênés, ils
cherchaient naturellement à accroître leurs
revenus en améliorant leur culture : dès lors
ils ont été rigoureusement amenés à cette

conclusion, de s'établir maîtres absolus chez eux, et, partant, de substituer au métayage le système moderne d'exploitation par maîtres-valets.

Ce mode, extrêmement favorable au propriétaire *résidant sur son domaine* ou *le visitant fréquemment*, non-seulement lui permet de conduire plus économiquement son exploitation, puisque le métayer n'absorbe plus une grande partie des fruits, mais il lui offre encore toute facilité pour exécuter les améliorations qu'il juge à propos d'introduire. Il est vrai, cette nouvelle situation ne l'exemptera pas des soucis de la surveillance, au contraire; mais, du moins, une partie des difficultés de l'exploitation disparaîtra par le fait même de la gestion personnelle. Il n'y aura plus à lutter contre une autorité rivale, ni contre une résistance dont les préjugés fortifient l'opiniâtreté. Le propriétaire maintenant est rentré dans tous ses droits. Le maître-valet, simple domestique préposé à l'exécution des commandements sous un maître qui se réserve l'entière direction de la culture, n'a garde de le contrarier par des obstacles volontaires; il sait que ses fonctions sont celles d'un subordonné, et que la dispute du pouvoir l'exposerait à être renvoyé; l'obéissance, en droit, est donc complète, et une volonté unique règle toutes les dispositions. Le seul reproche grave qu'on pourrait peut-être adresser au nouveau système, c'est qu'il étouffe toute espèce d'émulation chez le maître-valet; il le condamne inévitablement à rester dans la même condition; aussi celui-ci s'acquitte-t-il servilement de son devoir, et prend-il fort peu d'intérêt aux succès de l'exploitation. Dans l'état actuel des choses, il lui suffit d'être sans inquiétude sur ses moyens d'exister; tout se résume pour lui à voir les besoins du jour satisfaits.

En définitive, l'exploitation par maître-valet profite exclusivement au propriétaire. Ce mode répond parfaitement à la situation pécuniaire de la plupart des habitants de la Haute-Garonne et à la nécessité de mettre en œuvre les nouvelles pratiques agricoles. Il réussit très-bien partout où l'on a renoncé aux métayers, sans pouvoir trouver de fermiers solvables et intelligents qui prennent l'exploitation à leur propre compte.

DE LA CLASSE OUVRIÈRE EMPLOYÉE A LA CULTURE DU SOL.

On peut diviser en cinq catégories les ouvriers attachés au service des exploitations rurales de la Haute-Garonne, savoir :

1º Les métayers,
2º Les maîtres-valets,
3º Les estivandiers,

4° Les journaliers,

5° Les bergers.

Les *métayers*, désignés aussi sous le nom de *bordiers*, étant substitués au propriétaire, en vertu du contrat qui les introduit dans le domaine, ne sont pas rigoureusement astreints à un labeur personnel; ils peuvent faire exécuter toutes les cultures par des ouvriers dont les gages sont alors à leur compte; mais, en général, tous mettent la main à l'œuvre, et bien peu consentent à diminuer leur part dans les profits, en laissant à d'autres les travaux qu'ils pourraient effectuer eux-mêmes. La plupart du temps, ils partagent par moitié, avec le propriétaire, les produits de toute nature provenant de l'exploitation. Dans quelques localités cependant, comme dans le canton de Montgiscard, plusieurs ne leur donnent que le tiers des fruits, depuis que les maîtres-valets établissent une

sorte de concurrence contre eux. Suivant les
arrondissements et les conventions particulières, tantôt ils payent la moitié des imposi-
tions et fournissent la totalité ou la moitié de
la semence; tantôt, ainsi que cela se pratique
dans les cantons de Saint-Gaudens et d'Aspet,
ils abandonnent au propriétaire un dixième
des produits pour acquitter les contribu-
tions; mais aussi, chacun d'eux figure comme
un estivandier dans les travaux dont ceux-ci
se trouvent chargés, et perçoit le septième
en sus de la moitié qui lui revient dans les
fruits. Dans certains endroits, lorsque le métayer entre en jouissance, le propriétaire est
tenu de lui fournir la totalité des bestiaux;
à l'expiration du bail, ce dernier rentre dans
son capital, en supportant, toutefois, la moitié des pertes et en partageant par moitié les
bénéfices dont le bétail a été l'objet. En général, les réparations des bâtiments d'exploitation sont à la charge du propriétaire, qui, dans

plusieurs localités, paye aussi toutes les impo-
sitions. Les charrettes, tombereaux et les instruments aratoires sont fournis souvent par le
métayer. La durée du bail est ordinairement
d'une année ; il commence au 1ᵉʳ ou au 11 novembre, et expire à la même époque, lorsque
le congé a été signifié six mois à l'avance. A
défaut de cette formalité, le bail est censé
continuer implicitement, et le métayer en
jouit sous les conditions accoutumées.

Les maîtres-valets, ainsi qu'il a été dit plus
haut, sont obligés de faire tout ce qui leur
est commandé ; mais, ordinairement, leurs
fonctions se bornent à exécuter les labours,
transporter les engrais, faire les divers charrois et soigner le bétail. A l'exception de ces
travaux, les façons des récoltes dont les produits ne se partagent pas à moitié restent au
compte du propriétaire, qui les fait donner
par qui bon lui semble. Ordinairement, les

maîtres-valets habitent, avec leur famille, une métairie appartenant au propriétaire ; la part qu'ils reçoivent dans les produits du sol varie suivant les localités et les conventions particulières.

Sur la rive droite de l'arrondissement de Toulouse, il en est qui reçoivent 5 hecto-litres de blé, 5 de maïs et 3o fr. en argent ; ils ont, en outre, 75 ares pour cultiver du maïs, qu'ils partagent par moitié avec le pro-priétaire, et 25 ares consacrés à la culture des fèves, du lin, des haricots et des pommes de terre.

Sur la rive gauche, plusieurs propriétaires leur donnent 6 hectolitres de blé et 6 de seigle, et une part dans les profits du trou-peau ; d'autres leur abandonnent 6 hectolitres de blé, 4 de seigle, 2 ou 4 hectolitres de maïs, et 5o francs par paire de bœufs. Sur

les deux rives, les maîtres-valets tiennent de
2 à 4 porcs, achetés au compte du maître,
et que l'on tue à dix-huit mois. Le propriétaire en choisit alors la moitié ; le reste appartient au maître-valet, qui en dispose comme
bon lui semble.

Près de Castelnau, les maîtres-valets ont
6 hectolitres de blé, 6 de maïs et 12 francs
par chaque paire de bœufs, une barrique de
230 litres de second vin et la moitié des profits du troupeau. Ils ont encore la faculté de
cultiver un peu de lin pour eux seuls, et du
chanvre dont ils ne prennent que la moitié.
Les haricots et les fèves se partagent avec le
propriétaire.

A Labége, canton de Montgiscard, les
gages consistent en 5 hectolitres de blé, 5
de maïs, 30 francs par paire de bœufs et
une barrique de second vin. Le maître-valet

jouit encore de 135 ares de terrain par chaque
paire de bœufs; mais il fournit la semence,
partage par moitié la récolte obtenue sur cette
portion réservée, et est tenu de remettre, à
titre de redevance, 100 œufs, 6 paires de
poulets à la Saint-Jean, 6 paires de chapons
à la Toussaint, et 6 paires de poules à Noël.
Plusieurs propriétaires, cependant, commencent à renoncer aux redevances, dans le but
d'empêcher le maître-valet d'avoir des vo-
lailles, que l'on regarde comme nuisibles au
fumier.

A Auriac, arrondissement de Villefranche,
la part des maîtres-valets est de 6 hectolitres
de blé, 6 de maïs, et de la moitié des profits
dans le bétail, sans aucune somme en argent;
ils reçoivent aussi la moitié du maïs dont ils
ont fourni la semence; quelques propriétaires
leur abandonnent le tiers du bétail et du
maïs.

A-Revel, les maîtres-valets reçoivent 15 hectolitres, dont moitié en blé et moitié en maïs; ils partagent par moitié les profits du bétail, et disposent ensuite de 4 hectares pour cultiver du maïs, de 2 hectares consacrés à des cultures jardinières, telles que pois, haricots, pommes de terre et surtout fèves; de 12 ares destinés à la culture du lin, et de 12 autres ares pour la production du chanvre : le tout à moitié avec le propriétaire. Quelques-uns donnent encore 25 ares de vigne, à moitié fruit. Le propriétaire *fournit sans intérêt le pied du bétail,* c'est-à-dire le capital nécessaire à cette acquisition; de son côté, le maître-valet supporte la moitié des pertes dans le bétail. Si la provision de fourrage est insuffisante, les frais d'achat de ce fourrage tombent, par moitié, à la charge de l'un et de l'autre; quant à la paille achetée, le maître-valet en paye le tiers et le propriétaire les deux tiers; mais si le domaine n'a que des bêtes de travail, le maître-valet est exempt de toute charge dans l'achat des pailles ou fourrages.

Dans plusieurs localités, les maîtres-valets se louent à la Sainte-Catherine, à la Saint-Martin ; dans d'autres, telles que le Lauraguais, les contrats se passent à la Toussaint; on ne peut congédier les maîtres-valets qu'en les prévenant 6 mois à l'avance. Leur nourriture consiste en soupes composées de choux-raves, de pois, de fèves, dans lesquelles ils font cuire un morceau de salé ; rarement ils font usage de viande fraîche. L'hiver, depuis décembre jusqu'en avril, ils se nourrissent de pain de maïs levé ou non levé; le reste de l'année ils mangent du pain de froment. Leur nourriture journalière est évaluée à 60 centimes.

Les *estivandiers*, connus aussi sous les noms

de *solatiers*, de *mestiviers*, bien que n'habitant pas le domaine, en dépendent cependant, en ce sens qu'ils sont engagés vis-à-vis du maître, soit pour un travail spécial, soit pour un temps déterminé; ce sont eux qui exécutent les travaux de main-d'œuvre, tels que sar-clages, binages et buttages; ils fauchent les prés, font la moisson, mettent les épis en gerbes, charrient les récoltes, battent les grains, les vannent, les conduisent au grenier et construisent les meules de paille. Chaque fois que le propriétaire a besoin d'eux, ils sont obligés de tout quitter pour entreprendre ce qu'il leur commande; en revanche, le propriétaire s'engage à les préférer à tous autres ouvriers pour les travaux qu'il veut exécuter sur son domaine.

Le salaire des estivandiers varie suivant les localités.

Dans l'arrondissement de Toulouse, les

uns reçoivent le 9e, le 10e et le 11e de la récolte brute; quelques propriétaires, qui font battre leurs grains au fléau, leur donnent le 8e; au rouleau ils n'ont que le 10e.

A Revel, dans l'arrondissement de Villefranche, ils ont le 8e du grain, et chacun d'eux cultive 125 ares en maïs qu'il partage à moitié avec le propriétaire. On s'arrange, en général, dans ce pays, de manière à avoir trois intérêts engagés sur la même métairie : une famille de maîtres-valets, le propriétaire et le solatier, qui, étranger aux premiers, exerce tacitement une sorte de contrôle en faveur du maître.

Dans d'autres parties du même arrondissement, les estivandiers n'ont plus droit qu'au 10e de la récolte depuis qu'on bat au rouleau; dans l'arrondissement de Saint-Gaudens, ils ont le 7e de toutes les récoltes binées et sarclées.

Les estivandiers se louent en général à l'année ; on les emploie aussi néanmoins comme journaliers ; dans ce cas, ils sont payés en argent. Lorsqu'ils fauchent les foins, on leur donne 5 à 6 francs par arpent (56 ares 90 centiares) pour couper, faner la récolte et la charger sur des chariots ; le temps qu'ils passent à mettre le foin en meules dans la cour de l'exploitation leur est payé à part ; il en est de même quand ils coupent le chaume et le dressent en meules dans la métairie.

Dans plusieurs localités, les estivandiers employés à la journée reçoivent de 80 cent. à 1 franc ; dans d'autres, ils ont 60 centimes par jour, depuis le mois d'octobre jusqu'à la fin de mars, et 75 centimes à partir d'avril jusqu'au 30 décembre. Ces prix, toutefois, ne sont tels que lorsque les journaliers sont occupés la plus grande partie de l'année comme estivandiers sur la métairie ; tout autre que

le propriétaire au service duquel ils sont attachés, les paye ordinairement 1 fr. 50 cent.
par jour. Dans certains cantons, on leur donne
2 francs par jour pour faire les semailles;
4 francs par arpent (56 ares 90 centiares)
pour faucher les prairies naturelles ou artificielles, mais sans les faner; 4 francs pour
déchausser 56 ares de vignes; 2 fr. 50 cent.
pour les tailler et les nettoyer, et 2 fr. pour
chaque arpent de chaume qu'ils coupent : on
leur fournit, en sus, du vin provenant de la
deuxième coulée.

La classe des journaliers ne se compose
que d'un petit nombre de gens nomades qui,
l'été, viennent couper les fourrages, les faner et les disposer de manière qu'il n'y ait
plus qu'à les charger sur les chariots; ils reçoivent, pour ce travail, de 5 à 6 francs par
56 ares 90 centiares de prairies artificielles,
et 7 francs environ pour les prairies natu-

relles; l'hiver, ces ouvriers s'occupent à fendre du bois. L'agriculture les remplace habituel-lement par des estivandiers.

Le berger n'existe pas dans toutes les mé-tairies. Là où il n'y a que quelques têtes de bétail, les animaux sont soignés par la fa-mille du maître-valet; mais, toutes les fois que le troupeau se compose d'une soixan-taine de bêtes, on a un berger spécial. Celui-ci, tantôt reçoit un salaire fixe, sans avoir aucune part dans les produits du troupeau, tantôt (et c'est ce qui a lieu le plus souvent) il a le tiers ou la moitié des bénéfices prove-nant du croît ou de la dépouille des animaux; ce n'est que par exception que certains pro-priétaires lui réservent une légère part dans les produits lorsque le salaire est déterminé. Les frais d'acquisition du fourrage sont sup-portés par le maître et le berger, au prorata de leurs intérêts respectifs; dans tous les cas,

le propriétaire est tenu de fournir la paille
ainsi que le feuillage nécessaire pour les besoins du troupeau.

INSTRUMENTS ARATOIRES.

Les instruments aratoires les plus répandus
dans le département sont : la charrue, la herse,
le rouleau, la massette, le pelversoir, le hoyau,
la sarclette et la pioche.

CHARRUE.

La charrue du pays est un araire à un seul
mancheron, qui ne diffère, dans chaque localité, que par son degré de pesanteur. Le
soc présente deux ailes recourbées en des-
sous, dont chacune a 8 centimètres environ
de largeur à la base ; il se prolonge jusqu'à
l'extrémité du sep au moyen d'une tige en fer
de 2 centimètres de large. Le versoir est en

bois et occupe le côté gauche de la charrue; il forme un demi-coin en s'ouvrant de 4o à 5o centimètres à sa partie postérieure. L'âge, de 2 mètres de longueur, repose sur la tête des bœufs; le corps de la charrue s'y relie par deux liens; le coutre est incliné, sa pointe atteint l'extrémité du soc, dont il n'est éloigné que de 2 centimètres.

Le principal inconvénient de cette charrue est de pencher fortement du côté droit, et, par suite, de creuser inégalement le sillon, ce qui fait que le même sol se trouve travaillé à diverses profondeurs, et qu'il faut nécessairement recourir à des labours croisés pour que le terrain se trouve, en définitive, remué à une profondeur uniforme. Le tirage et l'entrure sont disposés de telle sorte, que la charrue a une tendance très-prononcée à sortir de terre, lorsque le laboureur la soulève, et à s'enfoncer fort avant lorsqu'il ap-

puie sur le mancheron. La courbure des ailes
du soc et la position du coutre concentrant,
en outre, sur un seul point toute l'action de
l'instrument, entraîne un grand déploiement
de forces pour un médiocre résultat.

La charrue Lacroix-Rouquet, imitation de
l'araire Dombasle, n'a point ces défauts. Elle
est construite en fer, à l'exception de l'âge,
qui est en bois; son soc n'a qu'une seule aile,
qui coupe horizontalement la bande de terre
et la fait glisser sur le versoir, qui n'a plus
alors qu'à la renverser. Le coutre, convena-
blement placé, facilite l'action du soc en lui
aplanissant une partie des difficultés, enfin
le versoir, légèrement creusé à sa partie anté-
rieure et courbe à sa partie postérieure, retourne parfaitement la bande de terre déta-
chée par le soc, et n'en laisse pas retomber
une partie dans la raie, ainsi que cela a lieu
avec la charrue ordinaire du pays. La charrue

Lacroix-Rouquet mérite donc, à tous égards, la préférence que lui accordent les propriétaires éclairés ; il serait seulement à désirer qu'au lieu de l'âge long qu'on y adapte le plus souvent, on se servît de l'âge court et à chaîne : de cette manière, l'instrument ne serait plus contrarié dans sa marche par la hauteur de l'attelage ni par ses mouvements, et le laboureur ne s'épuiserait pas en efforts pénibles pour la maintenir dans une position horizontale.

HERSES.

On se sert de deux sortes de herses dans la Haute-Garonne : l'une grande et l'autre petite. La première est représentée par deux pièces en bois de 2 mètres 10 centimètres de long, unies entre elles par trois traverses en bois et formant ensemble un quadrilatère allongé, chacune des deux pièces de bois principales est armée de 15 dents, espèces de pe-

tits coutres de 15 centimètres de long sur
5 de large, placés à 14 centimètres les uns des
autres et se croisant mutuellement. Chez
quelques-unes on trouve, indépendamment
des traverses en bois, deux tiges en fer destinées à consolider l'instrument. Une chaîne
en fer, placée vers le milieu de la pièce de bois
supérieure, forme le point d'attache auquel
on ajuste l'âge. Il faut un attelage de 2 bœufs
pour conduire cette herse spécialement destinée à émotter les terres non ensemencées.

La petite herse se compose également de
deux pièces de bois garnies de dents en fer,
de 12 centimètres de long sur 11 de large à
la base, et se terminant en couteau ; celles-ci
alternent les unes avec les autres, de même
que dans la grande herse.

Cette herse, plus légère que la précédente,
convient aux terres légères.

ROULEAUX.

Les rouleaux usités dans le pays pour l'a-
meublissement du sol, sont des cylindres en
bois de 2 à 3 mètres de long sur 64 centimètres de diamètre. Sur les terres légères,
leur action n'ayant pas à lutter contre une
grande résistance, est assez énergique; il n'en
est pas de même sur les terres fortes. Pour
peu qu'on dépasse le moment précis où le sol,
encore humide, s'est suffisamment ressuyé,
les rouleaux ne font que glisser sur les mottes
sans les écraser, inconvénient grave dans un
pays où le soleil a promptement communiqué
une extrême dureté aux molécules terreuses
et où les pluies se font quelquefois désirer
pendant des saisons entières. On atteindrait
plus sûrement le but proposé si l'on substituait à la construction vicieuse des rouleaux
actuels en bois, les cylindres en pierre dont

on se sert pour battre les grains. Ceux-ci, tantôt d'une seule pièce et sans cannelures, tantôt formés de plusieurs pièces et présentant des cannelures de 10 centimètres de largeur, réunissent toutes les conditions exigées d'un bon rouleau ; la seule précaution à prendre à leur égard consisterait à ne jamais les faire passer sur des terres argileuses trop humides, de peur de produire plus de mal que de bien.

En général, les roulages et les hersages sont très-négligés dans la Haute-Garonne, et cependant la plupart des terres fortes de ce pays ne sauraient être mieux préparées que par l'emploi combiné de la charrue, du rouleau et de la herse. C'est surtout dans ces terres si difficiles à traiter et à la fois si productives, lorsqu'elles ont reçu les préparations convenables, qu'il ne faut pas craindre de faire usage de ce qui peut amener leur complet ameublissement. Labourer, herser, rouler, puis herser de nouveau, sont ici des conditions de rigueur qui profitent plus au sol que si on lui donnait plusieurs labours successifs; une fois qu'on l'a amené à cet état de pulvérisation, il s'imprègne des moindres rosées, s'assimile les vapeurs répandues dans l'atmosphère et se laisse ensuite aisément travailler, tandis que les champs qui n'ont pas été soumis à ces opérations restent fortement scellés, et résistent aux instruments jusqu'à ce que des pluies suffisantes les aient pénétrés.

MASSETTE.

La *massette* est une planche équarrie, de 40 à 50 centimètres, dans laquelle on introduit un manche en bois de 2 mètres environ de longueur. On s'en sert pour briser les mottes après que le blé a été semé, et quelquefois aussi pour façonner la vigne. Le rouleau serait certainement préférable, si on le faisait suivre d'un ou deux tours de herse, pour briser les plus grosses mottes dans le champ emblavé : les gelées se chargeraient de compléter l'ouvrage, et l'on n'aurait plus alors qu'un coup de herse à donner au blé au sortir de l'hiver, chose si favorable pour le développement des talles.

PELVERSOIR.

On distingue deux sortes de pelversoirs; l'un à pelle et l'autre à fourche.

Le pelversoir à pelle se compose d'un fer triangulaire de 18 centimètres de large à la partie supérieure, et de 15 centimètres à la partie inférieure ; sa hauteur totale, non compris la douille, est de 20 centimètres. La douille, de 12 centimètres de longueur, fait saillie au-dessus d'une traverse en fer placée à droite ou à gauche de l'ouvrier et sur laquelle celui-ci appuie son pied pour enfoncer l'instrument en terre. Le manche, en bois, a environ 1 mètre de longueur.

Le pelversoir à fourche est armé de deux dents en fer; il présente aussi une traverse destinée au même usage que dans le pelversoir à pelle ; les dents ont 25 centimètres de hauteur et laissent entre elles un écartement de 14 centimètres.

On se sert de ces deux instruments en guise de bêche, pour creuser les fossés ou pour donner la première façon au maïs qui, dans ce cas, n'est point travaillé à la charrue. Si le sol est graveleux, on emploie, de préférence, le pelversoir à fourche.

HOYAU.

Le hoyau, connu des gens de la campagne

sous le nom de *foussou*, sert à façonner la vigne, le maïs. Le fer a 24 centimètres de large dans le haut, 20 dans le bas et 30 de longueur. La douille s'ouvre sur l'un de ses côtés ; le manche, en bois, a 75 centimètres de longueur.

SARCLETTE.

Cet instrument, ainsi que l'indique son nom, est employé à sarcler les blés. Il se compose d'un fer d'une seule pièce, de 14 centimètres de long sur 3 centimètres de large, et de 2 dents recourbées placées sur le dos de la douille.

PIOCHE.

La pioche ou *bécasse* présente un fer de 15 centimètres de large à sa partie supérieure sur 40 centimètres de long. Vers le milieu de sa surface, il est légèrement échancré et ressemble à une fourche à deux dents ; on l'emploie, de préférence au hoyau, dans les sols graveleux ou cailE, dans lesmétairies ou caillouteux.

Indépendamment de ces deux instruments, il en est encore deux dont l'usage est généralement répandu dans toutes les métairies; l'un est le plantoir et l'autre l'aiguillon.

Le plantoir, appelé aussi *pal*, est une tige en fer ou en bois, longue d'un mètre environ; la traverse a 8 centimètres de long sur 3 de large. La portion de la tige qui pénètre en terre a 43 centimètres de longueur; on s'en sert pour planter la vigne.

L'aiguillon ou *barbusat* est une longue gaule en saule ou en chêne, armée, à l'une de ses extrémités, d'une pièce en fer dont on se sert pour débourrer la charrue, et, à l'autre extremité, d'un clou fiché dans le bois; ce dernier est destiné à aiguillonner l'attelage.

CLÔTURES.

On emploie deux modes de clôture dans la Haute-Garonne : les haies mortes ou vives et les fossés.

Les haies mortes ne sont que des exceptions à la coutume générale du pays ; partout on se sert de haies vives formées ordinairement d'aubépine (*mespylus oxyacantha*), quelquefois aussi d'ajonc (*ulex europœus*), et, plus rarement, d'épine noire (*prunus spinosa*). Les jeunes plants d'épine sont placés sur deux lignes, à 54 centimètres de distance, et disposés de telle sorte qu'ils alternent les uns avec les autres; on les incline légèrement, afin de favoriser l'entre-croisement des branches; mais cet effet se produit naturellement, quelle que soit la position qu'on donne au plant. A la fin de la première année, ou au commencement de la seconde année après la plantation, on est dans l'usage de rabattre la haie à 54 ou 81 centimètres, dans le but de la rendre plus épaisse. Lorsqu'elle est parvenue à 1 mètre environ de hauteur, on se contente de la tailler avec un croissant, dans le courant de mai.

Les fossés forment la clôture la plus commune des propriétés rurales du département; ils sont creusés en talus, et ont un mètre de large à leur partie supérieure, sur 45 centimètres de large dans la partie inférieure. Les principaux inconvénients qu'on reproche aux haies sont d'employer un terrain précieux, de gêner les labours et de servir de pépinière aux mauvaises herbes, qui y lèvent sans obstacle, et se répandent de là sur les terres cultivées. En revanche, s'il est incontestable qu'il y ait, en général, utilité pour l'agriculture à supprimer les haies, celles-ci présentent, dans certaines circonstances, des avantages qu'on n'apprécie peut-être pas assez aujourd'hui.

DES ENGRAIS.

Dans la Haute-Garonne, ainsi que dans tous les pays de grande et de moyenne culture, la majeure partie des engrais provient des fumiers d'étable ou de bergerie; les autres substances fertilisantes ne sont regardées que comme des ressources temporaires dont l'emploi est abandonné, le plus souvent, aussitôt qu'on s'est pourvu d'un nombre de bestiaux suffisant et qu'on a pu se procurer la quantité nécessaire de litière.

En général, le traitement du fumier est très-négligé dans le département. Les uns le laissent se dessécher, les autres le noient dans une humidité surabondante, beaucoup de cultivateurs en laissent perdre une partie par une évaporation que rien ne combat; il n'y a qu'un petit nombre de propriétaires éclairés qui consentent à faire quelques dépenses pour assurer la manipulation intelligente du fumier. La plupart des cultivateurs en sont encore réduits aux coutumes routinières, et semblent ignorer combien des engrais judicieusement préparés ont d'influence sur le sol et les récoltes.

Les bêtes bovines étant presque exclusivement employées comme bêtes de charroi et de labour dans la Haute-Garonne, leur fumier est celui dont on fait le plus d'usage; vient ensuite celui de mouton, puis le fumier des mules et des chevaux, et, en dernier lieu, celui de porc; tous sont mélangés par couches alternatives.

Le temps pendant lequel on laisse le fumier sous les animaux varie suivant les localités. Aux environs de Toulouse, il séjourne fort peu dans l'étable ; les uns l'enlèvent cha-

que fois qu'on change la litière , les autres le
renouvellent deux fois par semaine; plusieurs
le tirent derrière les animaux pour le laisser,
pendant huit ou quinze jours, dans un coin
de l'étable, et, de là, le transporter à la fosse
au fumier. Cette dernière méthode ne mérite
que des éloges; elle offre le grand avantage
de tenir le fumier à l'abri du contact de l'air
au moment de sa première fermentation, et,
partant, de rendre sa décomposition lente et
graduelle, condition essentielle dans la préparation du fumier. Il va sans dire que lorsqu'on suit ce procédé, il faut disposer d'un
emplacement assez considérable , sans cela
les animaux auraient à souffrir de l'excès de
chaleur que dégage le fumier en fermentation.

Dans plusieurs communes de l'arrondissement de Villefranche, on n'emploie le fumier
qu'à deux époques de l'année : au printemps

et à l'automne. Les fumiers, pendant tout ce temps, restent exposés à l'air libre ; ils suent, s'échauffent, et, par leur fermentation prolongée, se réduisent à un état voisin du terreau. On comprend dès lors combien l'évaporation enlève de principes fertilisants et réduit la masse du fumier.

Dans l'arrondissement de Muret, le fumier n'est, en général, conduit de l'étable aux champs qu'à deux époques de l'année. Les cultivateurs qui suivent encore l'ancien usage des jachères périodiques profitent des 2e et 3e façons pour appliquer la fumure.

Dans l'arrondissement de Saint-Gaudens, les uns conservent leur fumier pendant toute l'année dans les étables, au préjudice de la santé du bétail; les autres le conduisent dans la cour, où il est mis à plat sur le sol, et perd peu à peu tout son purin.

La manière de traiter le fumier hors de
l'étable n'est pas la même chez tous les cultivateurs; on distingue, à cet égard, trois mé-
thodes différentes. La plus répandue consiste
à le jeter dans une fosse plus ou moins pro-
fonde, dont on l'extrait pour le porter sur
les champs. Ce fumier, ainsi exposé à toutes
les intempéries de l'atmosphère, est lavé par
les pluies, et lorsque ensuite surviennent des
sécheresses, il entre dans une fermentation
violente, et brûle souvent dans les couches
supérieures.

Les cultivateurs éclairés préparent leurs
fumiers avec plus de soin. Ils creusent superficiellement le sol et dressent sur cet emplacement, dont le fond est enduit d'une
couche de glaise, des tas de fumier qu'ils
élèvent à 29 ou 62 centimètres de hauteur;
quelques-uns alternent les couches du fumier
avec de la terre; celle-ci a l'avantage de ra-

lentir la fermentation, et le fumier, traité de
la sorte, n'a pas besoin d'être arrosé.

Il en est de plus négligents qui se contentent d'amonceler le fumier sur le sol sans
le mélanger avec de la terre et sans l'arroser;
aussi n'ont-ils plus, après un certain temps,
qu'une litière desséchée et souvent brûlée.
Dans plusieurs cantons de la rive gauche de
la Garonne, notamment du côté de Saint-
Césert (canton de Grenade), on a l'excellente
habitude d'alterner chaque couche de fumier
avec un lit de terre de 10 centimètres d'é-
paisseur, et l'on recouvre chacune des faces
du tas d'une espèce de mortier qui les dé-
fend contre la sécheresse ou une trop grande
humidité; la seule amélioration à apporter
à cette pratique, d'ailleurs fort louable, serait
de creuser légèrement le pourtour du tas de
fumier et de l'encadrer d'un rebord en terre
de 8 à 10 centimètres de hauteur, afin d'em-

pêcher le purin de se répandre au dehors. Mais parmi tous les procédés usités dans la Haute-Garonne, celui que M. Linière, dans l'arrondissement de Toulouse, et M. Durand fils, dans l'arrondissement de Saint-Gaudens, ont introduit sur leurs propriétés, ne saurait mieux convenir pour un climat chaud et sujet à la sécheresse. Le fumier, chez eux, n'est point laissé à l'air libre ; on le loge sous un hangar construit exprès et fermé de trois côtés par un mur en pisé ; la toiture est en tuiles et forme un angle très-obtus, afin de laisser moins de prise à l'air atmosphérique sur le fumier. Celui-ci est entassé par couches mélangées et s'élève à 2 ou 3 mètres de hauteur ; on l'arrose tous les jours avec du purin dans lequel M. Linière fait répandre de la colombine ; il mêle aussi quelques lits de chaux à son fumier. M. Durand fils se contente de l'arroser avec du purin, et réserve sa colombine pour l'employer

pure directement sur ses terres. Lorsque les
tas ont jeté leur premier feu, on les conduit
sur les champs, on les enfouit aussitôt qu'ils
ont été épandus. On conçoit sans peine que
les effets d'un engrais préparé avec autant de
soin soient et plus énergiques et plus du-
rables que ceux d'un fumier qui s'est dessé-
ché sur le sol, ou qui est resté longtemps
noyé au fond d'une fosse. Par ce moyen,
non-seulement les récoltes sont plus assu-
rées et d'une qualité supérieure, mais le sol
acquiert encore un haut degré de fécondité
qui permet de cultiver du blé là où le seigle
pouvait seul végéter. Ces résultats, obtenus
par M. Linière, dans un sol très-médiocre de
sa nature, prouvent l'importance qu'on doit
attacher à la préparation des fumiers ; les dépenses de construction d'un hangar sont
promptement remboursées par l'augmentation des récoltes et surtout par la valeur que
le fumier donne au sol.

L'état dans lequel on emploie le fumier
ainsi que son application aux récoltes présentent peu de différences. En général, les
cultivateurs préfèrent le fumier à moitié consommé; c'est, en effet, celui qui convient le
mieux aux boulbènes légères ; on ne peut en
dire autant de son application aux terres argileuses du département. L'expérience prouve
que le fumier long a plus d'efficacité pour
diminuer la cohésion des sols compactes, et
que son action mécanique est le principal but
qu'on doive se proposer dans ce cas. Quant
à l'action chimique de l'engrais, on sait que
le fumier frais, dépensant, dès la première
année, la plus grande partie de sa force, ameu-
blit beaucoup mieux le sol argileux que le
fumier déjà décomposé ; il produit, en outre,
un effet très-utile sur les terres argileuses, en
ce sens qu'il favorise particulièrement la végétation de la récolte placée à la tête de la
rotation, chose importante dans les sols diffi-

ciles pour préparer le succès des récoltes qui doivent suivre. Il y aurait donc plus d'avantages à réserver le fumier pailleux pour les terres argileuses, au lieu de se servir indifféremment de fumier consommé pour tous les sols ; l'usage suivi par plusieurs cultivateurs du canton de Revel, qui emploient le fumier le plus frais possible sur les terres compactes, vient à l'appui de cette remarque.

Suivant les localités, le fumier est appliqué directement aux récoltes de grains, aux récoltes sarclées ou à la jachère. Partout où l'assolement se compose d'une récolte sarclée suivie d'une céréale, c'est à la première de ces deux récoltes que les bons cultivateurs appliquent le fumier. Dans l'assolement biennal, avec jachère, ou dans l'assolement triennal pur, c'est au second ou troisième labour qu'on transporte le fumier sur les terres en repos ; et, bien que des labours répétés accé-

lèrent sa décomposition et fassent germer successivement la graine des mauvaises herbes
qu'il contient, on remarque que les céréales
qui en profitent ne sont jamais aussi propres
que celles qui succèdent à la récolte sarclée,
pour laquelle on avait judicieusement réservé
l'engrais. La quantité de fumier que reçoit
chaque hectare, varie en raison de la nature
du sol, du mode d'assolement usité, et surtout d'après les ressources du cultivateur; la
dose, en général, est plus forte sur les terres
argileuses qu'on fume tout d'un coup plus
abondamment, mais à des intervalles plus
éloignés; elle est moindre dans les terres
légères, à l'égard desquelles, en revanche,
on revient plus souvent à la fumure. Le fumier est ordinairement épandu et enterré
sans retard après avoir été charrié sur les
terres.

Indépendamment du fumier d'étable, on

fait encore usage des boues de ville, des composts, des cendres, de la poudrette, de la colombine et des déchets de corne ; le plâtre est employé à la fois comme engrais et comme stimulant.

Les boues de ville ne sont utilisées que dans les environs des villes. Sous ce nom, on comprend tous les débris animaux et végétaux combinés avec les vases qu'on enlève chaque jour dans les rues. Les boues ne sont jamais appliquées au sol à l'état frais, on attend pour cela qu'elles aient subi une fermentation préalable, dont l'effet principal est de les débarrasser de la plus grande partie d'hydrogène sulfuré qu'elles contiennent et qui nuirait à la végétation. En général, il faut 5 à 6 mois pour que cet engrais soit amené à l'état de décomposition désirable ; mais on peut activer la fermentation en ajoutant une certaine quantité de chaux caustique à ces débris ; il convient alors de brasser le mélange à plusieurs reprises et d'y verser quelques sceaux de purin. Les boues de ville profitent à toutes les récoltes ; on les emploie avec succès sur les plantes dont la végétation est très-prompte ; elles produisent d'excellents résultats sur les blés qui, ayant souffert de l'hiver, ont besoin d'être fortement stimulés. Dans la plupart des cas, il vaut mieux les appliquer en couverture et bien divisées, que les enfouir même superficiellement ; une manière très-économique de les répandre consiste à les déposer en tas sur le sol, puis à les distribuer à la surface du champ au moyen d'une pelle ; on fait ensuite passer le rouleau et la herse pour les pulvériser complétement.

La manière dont on prépare les composts dans la Haute-Garonne est la suivante : on creuse plusieurs fosses à 1 mètre de profon-

deur, sur 4 ou 5 de largeur; on rassemble
la terre piétinée par le bétail aux environs de
la métairie, et on en forme le fond du compost; sur cette couche, on jette des balles de
grains, qu'on recouvre d'une nouvelle couche
de terre; on ajoute ensuite des cendres les-
sivées, des débris de plantes, un lit de chaux,
des gazons, et, lorsque la vendange est arri-
vée, du marc de raisin qu'on recouvre d'une
couche de terre plus ou moins épaisse. Le
compost reste intact pendant l'espace d'une
année; après ce temps, il a subi sa fermentation; on bêche alors la masse à diverses reprises jusqu'à ce qu'elle soit parfaitement
ameublie, et on la porte ensuite sur les récoltes auxquelles on la destine. L'application
la plus générale s'en fait aux prairies. On y
conduit le compost dans les mois de janvier
et de février, et on le répand aussitôt à la
volée ou au moyen d'une pelle. Lorsqu'on
fume les vignes avec le compost, on choisit

le mois d'avril pour cette opération; on dépose l'engrais au pied de chaque cep déchaussé, mais en ayant soin de ne pas en
mettre une trop forte dose de peur que la
vigne ne pousse beaucoup en bois, au détriment du fruit.

Les cendres ne sont appliquées à l'agriculture qu'après avoir déjà servi à des usages
économiques. La coutume est de les répandre
en février sur les prairies; on a remarqué
qu'un de leurs principaux effets est de favoriser la végétation des trèfles blanc et jaune
(*trifolium repens*, *filiforme*), généralement estimés pour le pâturage, mais qui ne sont pas
appréciés ici comme fourrage, par suite de leur
dessiccation très-lente. Les cendres servent
rarement à fumer la vigne, parce qu'elles y
font croître, dit-on, les mauvaises herbes, et
partant, augmentent les dépenses de main-
d'œuvre, déjà trop considérables pour une

plante dont les produits avilis couvrent à peine
aujourd'hui les frais ; on préfère les faire entrer dans les composts.

La poudrette n'est usitée que par exception
dans le département, à cause de l'éventualité
de ses résultats. On aurait plus à le regretter si la matière fécale était d'ailleurs employée sous une autre forme plus avantageuse,
ainsi que cela se pratique dans le nord de la
France. Malheureusement celle-ci est entièrement perdue pour l'agriculture, et si quelque
chose doit étonner péniblement le voyageur,
c'est, sans contredit, l'insouciance avec laquelle on néglige cette ressource précieuse
dans un pays essentiellement agricole, où la
rareté des engrais et la nature argileuse du sol
devraient en faire sentir toute l'importance.

La poudrette se répand à la volée, dans la
proportion de 800 kilogrammes à l'hectare,

tantôt au moment des semailles du blé d'hiver, tantôt en mars sur les céréales déjà levées. On pense généralement que ses effets ne durent qu'un an ; encore sont-ils nuls lorsque l'année est sèche.

La colombine n'est produite qu'en petite quantité dans la plupart des métairies ; on l'applique communément aux cultures de jardin, au lin et à la vigne. Pour produire tous ses effets, elle doit être réduite en poudre au moyen du fléau, ou mieux, avec le rouleau. Il faut avoir soin de la conserver dans un endroit bien sec, jusqu'au moment où on l'emploie, car l'humidité lui enlève une partie de ses principes fertilisants. La colombine communique une végétation vigoureuse aux prairies naturelles et artificielles, et est très-propre à rajeunir celles qui sont épuisées ; mais, dans la plupart des cas, il vaut mieux retourner ces dernières, et réserver l'engrais pour assurer la réussite des fourrages qui doivent les remplacer.

Les déchets de corne sont très-estimés des cultivateurs; mais leur usage est si restreint, que l'application qu'on en fait dans le département sert plutôt à confirmer les résultats satisfaisants que l'agriculture retire de cet engrais, qu'à contribuer réellement à augmenter les richesses stercorales du pays. On s'en sert spécialement pour fumer la vigne.

L'usage du plâtre est très-répandu dans le département. Tous les cultivateurs le considèrent comme l'engrais le plus économique qu'on puisse employer pour activer la végétation des prairies artificielles. La plupart le font cuire avant de le répandre sur leurs trèfles ou luzernes, dans la conviction où ils sont que le plâtre cru est moins efficace; mais des expériences nombreuses ont prouvé que ce dernier agissait de même que le plâtre cuit, lorsqu'on avait soin de le pulvériser ; le point essentiel, en effet, consiste à l'amener à la plus grande ténuité possible, puisque c'est sous cet état que les plantes se l'assimilent avec le plus de facilité. Les opinions varient sur le moment où il convient de répandre le plâtre. Les uns veulent que les plantes aient déjà quelques feuilles, les autres préfèrent le semer lorsqu'il n'y a encore aucune végétation apparente, c'est-à-dire depuis novembre jusqu'en février. Cette dernière opinion, partagée par d'habiles cultivateurs, est en opposition avec l'usage généralement admis de ne répandre le plâtre que lorsque la prairie artificielle commence à couvrir la terre de ses feuilles. Cependant il ne serait pas impossible que le climat de la Haute-Garonne, si différent de celui des pays du Nord, où cette dernière opinion domine, n'exigeât une époque différente pour l'emploi du plâtre.

Thaer lui-même, quoique partisan de l'usage de répandre le plâtre au printemps, assure que plusieurs personnes se sont bien trouvées de préférer la saison de l'automne à celle du printemps pour plâtrer les jeunes trèfles de l'année. L'autorité d'un tel maître est plus que suffisante pour commander le doute en présence de faits contradictoires qui n'ont point encore été soumis à des expériences comparatives sur plusieurs points. Les cultivateurs de la Haute-Garonne emploient le plâtre dans la proportion de 300 kilogrammes par 50 ares.

AMENDEMENTS.

Quatre sortes d'amendements sont employés dans le département ; savoir : le terrage, la chaux, la marne et l'écobuage.

Un grand nombre de propriétaires ont

adopté, depuis plusieurs années, l'excellent
usage d'enlever sur la lisière des champs, la
terre que la charrue tend sans cesse à y apporter, pour s'en servir à combler les inéga-
lités du sol ou pour en garnir le milieu de la
pièce et ménager de la sorte une pente plus
favorable à l'écoulement des eaux. Ces travaux, quoique très-dispendieux, ne peuvent
être trop recommandés là surtout où le sol
est argileux et a besoin d'être égoutté. Toute
dépense qui tend à amener cet assainissement
doit être abordée franchement ; c'est la première de toutes les améliorations à entreprendre, puisque, sans elle, on n'est jamais assuré de pouvoir donner en temps utile les
façons qu'exige le sol, et, qu'en outre les récoltes sont toujours plus ou moins compro-
mises dans les terrains mouilleux. Lorsqu'on
veut amender un champ à l'aide du trans-
port des terres, il faut déchaumer le bord de
la pièce aussitôt la récolte enlevée, afin que

le sol ne se lie pas et qu'on puisse le travailler
à loisir. Quinze jours après la première opération, on enlève la terre qui doit être portée
aux endroits bas de la pièce, lesquels ne seront pas fumés la première année, de peur
d'y faire verser les récoltes. Les bords de la
pièce reçoivent ensuite une préparation spéciale. Comme la perte de leur couche arable
les a fort appauvris, on a soin de n'y rien semer d'épuisant dans les premières années;
l'expérience prouve, en effet, que les récoltes
y sont d'abord fort chétives, même lorsqu'on
fume abondamment; ce qu'il leur faut. C'est
un profond labour qui expose la nouvelle
terre aux influences atmosphériques et sur
tout à l'action des gelées; une jachère complète est ici fort utile; d'abondantes fumures
et des labours répétés la prépareront à recevoir, l'année suivante, des fèves ou des récoltes fourragères, qui achèveront de lui rendre son ancienne fécondité; dès la troisième

année, elle pourra rentrer dans l'assolement
et porter les mêmes récoltes de grains que le
reste du champ.

CHAUX.

Le chaulage des terres n'est pratiqué que
dans les localités où le bas prix de la chaux
permet d'employer cette substance. On l'é-
teint sur le champ même et on la recouvre
de terre afin que la pluie, l'air ou le soleil ne la
détériorent pas; elle est répandue lorsque sa
pulvérisation est complète ; on l'incorpore au
sol au moyen de labours superficiels ou par
de simples hersages. Le chaulage s'effectue
ordinairement pendant les premiers jours de
juillet, après qu'on a pris une récolte de
vesces: on profite aussi quelquefois de la
jachère pour transporter la chaux sur le sol
pendant l'hiver. On emploie de 7 à 8,000 kil.
par hectare. On devrait fumer chaque fois
qu'on applique cet amendement, car s'il pro-

duit d'excellents effets dans les sols riches, il ne manque pas d'épuiser fortement les terrains maigres en mettant en mouvement, au profit d'une seule récolte, l'humus qui s'y trouve en dépôt. Faute d'observer cette règle, plusieurs cultivateurs ont considérablement dégradé leurs terres et, par suite, ont reproché au chaulage des inconvénients dont leur négligence était seule coupable.

MARNE.

Depuis qu'on fait usage de ce précieux amendement dans la Haute-Garonne, on peut dire, sans exagération, que le département n'a plus de terres absolument mauvaises et que ses sols les plus maigres peuvent être amenés à un degré satisfaisant de fertilité au moyen de l'emploi combiné de la marne et des engrais ; l'exemple des terres de Rieumes, Fousseret, Noë, etc. dont la nature aujourd'hui est presque changée grâces à la marne, met hors de doute cette vérité. Dans les sols compactes de Daux et de Mondonville, sur la rive gauche de la Garonne, on marne dans la proportion de 130 tombereaux par demi-hectare ; la marne est calcaire et l'opération se répète tous les 15 ans. Dans l'arrondisse-de Muret, on ne met que 110 tombereaux par 56 ares 90 centiares, sur les boulbènes lé-gères ; l'amendement revient tous les 12 ans. M. Durand fils, à Saint-Gaudens, dans un sol argilo-siliceux à sous-sol graveleux, marne dans la proportion de 400 charretées pesant chacune 1500 kilog. par hectare, et il a tou-jours soin de fumer l'année même où il pra-tique cette opération ; les autres cultivateurs ne fument ordinairement qu'à la seconde an-née. Plusieurs se servent avec avantage de la marne brûlée. Le marnage, dans cet arron-dissement, se répète tous les 20 ans ; on l'ap-plique sur la jachère.

ÉCOBUAGE.

C'est dans les sols les plus pauvres, c'est-à-dire précisément là où cette pratique ne devrait jamais avoir lieu, qu'on a recours à l'écobuage pour amender ou plutôt pour épuiser le sol. Au lieu de considérer l'écobuage comme un moyen énergique de rassembler toutes les forces du sol pour assurer l'établissement d'un pâturage permanent, la plupart profitent de cette ressource extrême pour obtenir, sans autres engrais, des récoltes consécutives de grains; aussi, les terres soumises à ce traitement barbare ne réparent-elles leur épuisement qu'après un laps de temps considérable. La méthode d'écobuer la plus commune est celle-ci : on détache avec une pioche très-effilée des bandes de gazon de 5 centimètres d'épaisseur qu'on laisse sécher pendant un mois environ. Ce temps écoulé, on dresse deux bandes de gazon l'une contre l'autre, en forme de toiture, et, tout autour, on en place d'autres en ayant soin de ménager une ouverture du côté ou souffle le vent. Lorsque chaque tas a acquis une circonférence de 1 m. 29 cent. sur 1 mètre de hauteur dans la partie la plus élevée, on introduit une branche d'ajonc bien sèche dans le vide que laissent entre elles les deux premières bandes de gazon, on met le feu au tas et l'on ferme l'ouverture par une dernière bande qui ne laisse passer que l'air nécessaire pour entretenir une combustion lente ; les cendres qui en proviennent sont épandues avec une pelle et enfouies très-superficiellement. L'écobuage se répète tous les 15 ou 20 ans.

DES ASSOLEMENTS.

Trois grands systèmes d'assolements dominent dans la Haute-Garonne, savoir : l'as-

solement biennal blé et maïs, que l'on rencontre dans les bons sols argileux; l'assolement
biennal, jachère et céréale, qui règne presque
exclusivement dans les boulbènes légères, et
l'assolement triennal pur, jachère, blé et
avoine, qui existe dans plusieurs cantons du
nord et du sud-ouest du département.

Ces différents systèmes, qui partagent la
Haute-Garonne en trois zones bien tranchées,
peuvent s'expliquer, d'une part, par la nature
particulière du sol; de l'autre, par la rareté
des capitaux et la division des propriétés.
Cette dernière considération, qui exclut nécessairement l'élève du bétail dans les localités
où il n'existe pas de pâturages communaux,
rend parfaitement compte du peu de place
qu'on accorde en général dans la rotation
aux prairies artificielles; chaque cultivateur
n'ayant, pour ainsi dire, à s'occuper que de
l'entretien des bêtes de trait, s'attache surtout

à la production des denrées qui lui procurent immédiatement le plus d'argent : voilà pourquoi la culture des céréales joue un rôle presque exclusif dans le département.

Quelques propriétaires, cependant, ont apporté plusieurs modifications aux assolements usités, et, quoiqu'il y ait lieu de regretter qu'ils ne soient pas encore entrés franchement dans un système de culture basé sur la production des fourrages, on ne peut nier que les prairies artificielles ne prennent de jour en jour plus d'extension, et le moment n'est peut-être pas éloigné où la destruction des prairies naturelles, et le prix sans cesse croissant des animaux destinés au travail, achèveront la révolution commencée, et forceront les cultivateurs à réserver une plus large part aux récoltes fourragères, afin de se procurer, sur leurs propres métairies, les élèves dont ils ont besoin. L'équilibre sera alors rétabli entre les plantes qui épuisent le sol et celles qui l'enrichissent.

Entre autres assolements nouvellement introduits dans le pays, il faut citer les suivants :

Dans l'arrondissement de Toulouse, la jachère qui précède le blé suivi de maïs porte des fèves ou du trèfle incarnat, que l'on fait pâturer à l'automne de la première année de semailles, avant d'en prendre une coupe au printemps : le sol alors ne reçoit qu'une demi-jachère.

Quelques-uns ont :

1° Maïs et fèves fumées; 2° avoine d'hiver; 3° trèfle; 4° trèfle; 5° blé. Assolement très-remarquable et parfaitement approprié aux boulbènes légères sur lesquelles on l'a adapté. Le trèfle se trouve ici dans les meilleures conditions de réussite; il dure, il est vrai, deux ans, ce que blâment la plupart des écrivains agronomiques, mais on ne prend qu'une seule coupe à la seconde année, de sorte qu'on a tout le temps nécessaire pour préparer la terre pour le blé qui doit succéder; celui-ci est toujours fort beau à cette place. A la deuxième rotation, on sème, en remplacement du trèfle, du sainfoin, qui ne dure également que deux ans.

A Balma, près Toulouse, M. le Dr Audouit suit avec avantage l'assolement suivant:

1° Blé; 2° trèfle; 3° trèfle; 4° maïs ou fèves fumées.

Au retour de la rotation, il remplace le trèfle par un sainfoin, qui ne dure également que deux ans.

Dans l'arrondissement de Villefranche, la

rotation la plus usitée est : blé suivi de maïs avec une sole de sainfoin en dehors de la rotation, si le terrain est en coteaux, ou bien avec une sole de luzerne dans le terrain de la plaine.

On y trouve encore, mais par exception, l'assolement quadriennal : 1° jachère occupée par des fourrages annuels; 2° maïs; 3° trèfle; 4° blé.

Dans l'arrondissement de Muret, sur un sol silico-argileux, on a substitué à l'assolement triennal du pays la rotation de cinq ans : 1° blé fumé; 2° trèfle; 3° trèfle; 4° blé; 5° avoine; il y a une sole de luzerne en dehors de l'assolement.

Dans l'arrondissement de Saint-Gaudens, sur les terres légères, on voit : 1° pommes de terre ou maïs fumés; 2° blé ou seigle; 3° trèfle incarnat suivi de millet ou de sarrasin. Depuis Valentine jusqu'à Bazère, on suit aussi ce cours : 1° seigle, puis sarrasin, dans lequel on sème du farouch; 2° farouch, puis maïs; on fume pour le seigle, quelquefois encore pour le maïs. Il y a, en outre, une sole de prairies naturelles. Sur les terres argilo-siliceuses, la plupart suivent la rotation biennale blé et maïs; une partie de cette dernière sole est consacrée à la production du trèfle.

A Bagnères de Luchon, on suit l'assolement biennal blé et maïs, mais avec certaines modifications qui méritent d'être rapportées.

La première année, on a blé ou seigle, suivi de sarrasin; la deuxième année, on sème du maïs; la troisième année, on ensemence de nouveau avec du blé ou du seigle, mais la récolte suivante de printemps consiste alors en pommes de terre, qui sont quelquefois sui-

vies de lin d'hiver. Les prairies naturelles sont
en dehors de l'assolement.

CULTURE DES PLANTES.

Les plantes agricoles cultivées dans le département sont : le blé, le seigle, le métcil,
l'avoine, l'orge, le petit millet, le millet à
balais, le maïs, le sarrasin, le pois chiche,
les fèves, les haricots, les lentilles, le colza,
la cameline, le chanvre, le lin, la pomme de
terre, la betterave, les vesces, le trèfle rouge,
le trèfle incarnat, la luzerne, le sainfoin, les
prairies et la vigne.

CÉRÉALES.

L'excellent sol argileux dont se compose
une partie du département de la Haute-Garonne convient particulièrement à la production des céréales, surtout à la culture du

blé et du maïs ; les boulbènes légères devraient être réservées pour le seigle et l'a-
voine, et ne porter de blé que lorsqu'elles
auraient été amenées à un degré suffisant
de richesse ; des labours profonds et d'abondantes fumures leur communiqueraient, en
peu d'années, les principales qualités que l'on
recherche dans les terres fortes destinées au
froment.

BLÉ.

Parmi les différentes espèces de blé cultivées dans le département, on distingue deux
variétés bien tranchées ; les *blés gros,* rouges
et blancs, et les *blés fins,* subdivisés à leur
tour en bladettes rouges et blanche, à barbes
ou sans barbes, et en blé de Roussillon. Les
blés gros rendent plus de paille que les Rous-
sillons et les bladettes ; ceux-ci, en revanche,
mûrissent huit jours plus tôt. Dans certaines

localités, notamment dans le Lauraguais, on change tous les deux ans la semence des blés fins; les bladettes sont tirées des coteaux calcaires de Puylaurens; le blé de Roussillon vient de Perpignan. Les bladettes non barbues passent pour être moins sujettes au brouillard que les bladettes à barbes; ces dernières s'égrènent plus facilement.

Suivant la nature du sol et le genre d'assolement usité, le blé succède au maïs, à la jachère, au trèfle, au farouch, au sainfoin, aux betteraves, aux vesces et au colza.

Ce n'est que dans les meilleures terres argileuses, où l'on suit l'assolement biennal alterne, que le blé remplace immédiatement le maïs. Arthur Young a beaucoup vanté cette rotation, et il la propose comme modèle pour tous les climats où mûrit le maïs. La récolte sarclée laisse, en effet, le sol parfai-

tement net de mauvaises herbes et permet
de défoncer de temps à autre le terrain ; les
binages et buttages qu'elle exige, s'exécutent
dans une saison où l'on n'a plus de façons à
donner au blé, la cueillette du maïs arrive
après la moisson, ses panicules fournissent
abondamment une nourriture excellente pour
le bétail, ses tiges enfin, ainsi que l'axe de
l'épi, sont une ressource précieuse comme
moyen de chauffage ; néanmoins, tous les
cultivateurs se plaignent de cette rotation et
regardent le maïs comme une médiocre préparation pour le blé, dont le produit baisse
sensiblement à cette place. Cet inconvénient
disparaîtrait, si l'on intercalait, entre les deux
cultures de grain, une récolte fourragère telle
que des vesces ou du farouch ; la terre alors
aurait le temps de se reprendre et l'on pourrait lui donner la préparation nécessaire, ce
qui est impossible, toutes les fois que le blé
succède directement au maïs. L'unique la-

bour que reçoit forcément le sol, après une récolte de maïs, est probablement la seule cause du faible rendement du blé qui suit.

La jachère, bien qu'on en ait dit, est encore la meilleure préparation qu'on puisse appliquer au sol argileux qui doit porter du blé; non-seulement le rendement en paille et en grains est plus considérable, mais le sol est ameubli pour toute une rotation, circonstance capitale dans un terrain difficile, et qui suffit souvent pour assurer le succès de plusieurs récoltes successives.

Le trèfle, mais seulement le trèfle bien réussi et net de mauvaises herbes, ne le cède que fort peu à la jachère, comme préparation pour le blé. On lui reproche, en général, de favoriser la production de la paille au détriment du grain; mais ce défaut qui, en définitive, tourne au profit du sol, n'a jamais lieu,

quand on laisse le trèfle plus d'une année
sur pied, en se bornant à prendre une seule
coupe la seconde année; la jachère d'été qu'on
donne alors au sol produit à la fois paille et
grains; il faut même avoir soin de semer un
peu plus clair que de coutume.

Le blé semé sur farouch réussit beaucoup
mieux que celui venu sur maïs, et cela se
conçoit sans peine. Au moyen de cette culture intercalaire, le sol se repose de la fatigue
causée par deux récoltes successives de céréales; il trouve un engrais réparateur dans
les débris du farouch, et surtout la demi-jachère à laquelle on le soumet laisse le temps
nécessaire pour donner les labours préparatoires et ensemencer de bonne heure.

Après un sainfoin de trois ans, le blé est
assuré. On peut semer sur un seul labour superficiel, mais il faut rouler et semer moins

dru que d'habitude ; ceux qui déchaument
après la coupe du printemps et donnent au sol
trois labours avant la semaille, doivent être ci-
tés comme des modèles à imiter.

Les betteraves sont considérées comme un
médiocre précédent pour le blé, par suite
de l'époque avancée où on les récolte. Du
reste, ce n'est jamais que sur une faible étendue que les cultivateurs de la Haute-Garonne
sèment leur blé après cette plante sarclée.

Les vesces sont certainement une très-
bonne récolte préparatoire pour le blé, et
d'autant meilleure qu'on applique la fumure
au fourrage, qu'on le fauche avant la maturité des gousses, et que les semailles du blé
trouvent une terre préparée par plusieurs labours.

Mais de tous les précédents, les fèves sont,
après la jachère, le meilleur que l'on puisse

adopter pour se procurer une·bonne récolte
de blé dans les sols argileux. Bien entendu
qu'il ne sagit ici que des fèves semées en lignes
et binées avec soin; toute autre culture ne
donnant que des résultats incomplets.

Ce qui s'applique aux fèves convient également au colza, avec cette différence, toutefois, que cette plante épuise davantage le sol ;
le blé qui lui succède est encore fort beau,
sans toutefois égaler celui qu'on obtient après
une jachère ou des fèves; les qualités du
colza, comme récolte préparatoire pour le
blé, sont en raison directe des cultures qu'il
a reçues pendant sa végétation, de sa réussite,
et du soin avec lequel on a travaillé le sol
après l'enlèvement de la récolte.

Le nombre des labours qu'on donne au
terrain avant les semailles du blé varie suivant l'espèce d'assolement que l'on suit.

Lorsqu'on a recours à la jachère, on donne quatre et cinq labours. Après un trèfle d'un an (ce que l'on observe rarement dans le département), tantôt on se contente de retourner l'éteule, en ayant soin de prendre des bandes très-étroites ; tantôt (et c'est ce qui se pratique ordinairement) on donne deux labours; il en est encore qui, dans les terres douces, sèment le blé sur le chaume même de la seconde coupe de trèfle et l'enterrent par un coup de charrue qui le recouvre de 10 centimètres de terre; on a soin, dans ce cas, de faire passer le rouleau. Ceux qui gardent le trèfle pendant deux années de suite, le rompent après la coupe unique de la seconde année, et donnent trois labours, y compris celui de semaille.

Après le farouch, les vesces, les pois, le colza, on donne ordinairement un déchaumage et deux labours dont la profondeur varie de 10 à 16 centimètres. Après le sainfoin, on sème le grain sur l'éteule non défrichée et on l'enterre par un labour de 10 centimètres. On trouve que le blé, à cette place, et traité par le procédé ci-dessus, vaut celui de jachère, même pour le poids du grain.

Après le maïs, on ne donne souvent, faute de temps, qu'un seul labour que la sécheresse oblige encore parfois de retarder; les engrais, dans ce cas, ne contre-balancent pas les inconvénients d'une semaille tardive dans un sol argileux.

La pratique de fumer directement pour le blé est encore suivie par la plupart des cultivateurs; il en est beaucoup, neanmoins, qui préfèrent aujourd'hui appliquer l'engrais à la récolte sarclée ou aux plantes fourragères qui précèdent la céréale. Ce procédé offre, entre autres avantages, celui de laisser

dans le sol un fumier d'une décomposition
déjà avancée, et de présenter ainsi une nourriture toute prête au blé, qui, comme on le
sait, aime à trouver de la vieille force dans
le sol, et réussit naturellement d'autant mieux
que les mauvaises herbes, étouffées par les récoltes fourragères ou les menues cultures, ne
lui disputent plus les principes destinés à son
alimentation.

Il existe plusieurs manières de préparer le
grain de semence; le procédé le plus usité
dans le département est le suivant : on réunit le grain en tas, et on l'arrose avec une
eau dans laquelle on a fait dissoudre du vitriol bleu (sulfate de cuivre); cela fait, deux
hommes brassent le tas de blé à plusieurs reprises, jusqu'à ce que toutes ses parties soient
bien imprégnées du liquide. On sème le lendemain de l'opération, à moins que le temps
ne le permette pas; dans ce cas, il faut avoir

soin de remuer de temps en temps le blé,
pour l'empêcher de s'échauffer. On emploie
le vitriol dans la proportion de 5oo grammes
pour 54 litres d'eau; cette préparation suffit
pour 4 hectolitres de blé.

Dans plusieurs localités, on a modifié le
procédé ordinaire : on emplit d'eau une
comporte jusqu'aux deux tiers de sa hauteur,
on y jette ensuite 2 5o grammes de vitriol,
et, dès que cette substance est suffisamment
dissoute, on verse le blé dans la comporte;
il y séjourne pendant une demi-heure. Après
ce temps, on le brasse une ou deux fois, et
en même temps on écume tous les grains
qui viennent flotter à la surface; on transvase
ensuite le grain dans un panier placé au-
dessus d'une comporte, afin qu'il s'égoutte;
puis on le porte au grenier, où il reste
étendu en couches légères jusqu'au moment
des semailles. On emblave ordinairement le

lendemain de l'opération. Ce procédé ne mérite que des éloges; il ne laisserait absolument rien à désirer si l'on ajoutait au sulfate de cuivre une certaine dose de sel. Il est à remarquer qu'on emploie toujours la même eau; mais on ajoute, à chaque nouvelle opération, une nouvelle quantité d'eau et de vitriol.

Dans certains cantons, plusieurs cultivateurs se servent exclusivement de lait de chaux, qu'on verse sur le grain réuni en tas; d'autres y mêlent un peu de vitriol; mais ce ne sont là que des exceptions à l'usage généralement adopté de sulfater le blé, au lieu de le chauler.

L'époque des semailles s'étend, suivant la nature du sol, depuis le commencement d'octobre jusqu'à la fin de novembre.

Dans l'arrondissement de Toulouse, on

est généralement d'avis de semer les terres argileuses dans les premiers jours d'octobre; on croit, à cet égard, que la levée du grain est assurée tant qu'elles se souviennent de la chaleur de l'été; plus tard, la germination pourrait être compromise par les mauvais temps : aussi dit-on proverbialement que le blé semé de bonne heure dans les terres fortes emprunte rarement au blé semé tard. Les terres calcaires en coteaux se sèment depuis le 1er jusqu'au 15 novembre; on désire que l'eau suive la charrue dans ce sol brûlant. Quant aux boulbènes légères, comme elles sont réputées les plus mauvaises terres du pays, on recommande de les ensemencer de bonne heure, afin que le grain résiste mieux à l'hiver, et qu'il profite de l'humidité du sol dans cette saison pour émettre ses talles.

Dans le Lauragais, on sème du 15 octobre au 15 novembre, en commençant par les blés fins. D'après une longue expérience, on a remarqué que les semailles précoces y donnaient toujours de plus beaux blés que les semailles tardives. A Caraman (arrondissement de Villefranche), on regarde comme l'époque la plus favorable pour l'ensemencement les quinze jours qui précèdent et la quinzaine qui suit la Toussaint. Le sol de cette localité est argilo-calcaire et fortement accidenté.

Dans l'arrondissement de Muret, on commence les semailles dans la première quinzaine d'octobre; elles se prolongent souvent jusqu'en novembre.

Dans certaines parties de l'arrondissement de Saint-Gaudens, les semailles de blé ont lieu du 1er au 20 novembre; dans d'autres, on commence à semer dès la seconde quinzaine d'octobre.

La quantité de semence employée offre des différences notables. En général, on sème dans la proportion de 2 hectolitres par hectare dans les terres argileuses; on ajoute 50 litres dans les boulbènes légères, moins favorables, de leur nature, au tallement des céréales. Lorsqu'on sème des bladettes, on met quelques litres de plus que pour les blés gros.

A Auriac, dans un sol calcaire-argileux, on ne sème que 150 litres par hectare; dans cette commune, on aime à semer dans des terres détrempées : les coteaux regardent, en général, l'exposition du midi.

A Revel, dans les terres fortes, on sème 230 litres par hectare.

Dans le canton d'Aspet, on sème depuis 1 jusqu'à 3 hectolitres par hectare. La proportion, sans doute, est d'autant plus faible que le terrain est meilleur; les talles jouent alors un rôle important.

La semence est enfouie communément au moyen d'un labour superficiel donné avec la charrue; des femmes passent ensuite le rateau sur le sol ensemencé, et elles brisent, avec une espèce de maillet nommé *massette*, les mottes qui se trouvent à la surface. Cette dernière opération, que tout le monde suit aujourd'hui par habitude et d'après cette idée qu'elle est absolument indispensable pour assurer la levée du grain, ne serait-elle pas exécutée avec plus d'économie et même de perfection si l'on substituait le rouleau à la massette toutes les fois que le sol n'est pas trop sec? Du reste, il n'est nullement prouvé que l'usage de briser les mottes soit réellement utile, et ce n'est pas sans raison que plusieurs cultivateurs pensent qu'il vaut mieux maintenir le sol dans l'état où la charrue suivie de la herse l'a établi, toutes les fois que les mottes n'excèdent pas la grosseur du poing. Qui ne sait, en effet, que dans un sol sur lequel les gelées exercent leur action, les mottes abritent le semis contre le vent et le froid; elles se fondent et tombent en poudre vers la fin de l'hiver; le hersage du printemps n'a plus alors qu'à les porter au pied des plantes pour faciliter le tallement.

Dans les boulbènes légères, on enfouit également la semence à la charrue; il en est de même pour les terres calcaires. Sur les *terres-forts*, qui s'ameublissent aisément par la gelée, on a remarqué que les blés restaient clairs lorsqu'on les enterrait à la herse ou par l'extirpateur, tandis que ces inconvénients n'existaient pas en enfouissant la semence par un labour à la charrue.

Les uns sèment sur un labour de trois semaines à un mois; les autres, sur labour frais.
La nature du sol explique cette différence de
procédés. Dans certaines localités de l'arrondissement de Villefranche, lorsque le sol est
humide, on recouvre la semence avec une
charrue sans oreilles; lorsque la terre est
sèche, on emploie la charrue à versoir. Quelques personnes font ensuite passer une *échelle*
ou émottoir pour niveler le terrain et briser
les mottes.

Dès que les semailles sont achevées, on
tire des raies d'écoulement avec la charrue,
afin de donner de la pente et de conduire les
eaux au fossé de décharge; on approfondit
ensuite la rigole à l'aide d'un pelversoir, et
pendant l'hiver on visite de temps à autre la
pièce, en ayant soin de relever la terre ébou-
lée qui gênerait l'écoulement de l'eau. Cette
opération est regardée comme indispensable

dans les sols argileux; la plupart des cultivateurs y procèdent avec soin dans le mois de
novembre. Lorsque le terrain est fortement
en pente, on trace des rigoles doubles paral-
lèles, en leur donnant une direction très-
tortueuse, dans le but d'empêcher les ravins.

Au printemps, dans le mois d'avril, les
cultivateurs ont l'habitude de faire sarcler les
blés. Cette opération, confiée aux estivandiers, est presque toujours mal exécutée,
aussi arrive-t-il souvent qu'on y revienne une
seconde fois. On diminuerait beaucoup, dans
la plupart des cas, les frais de sarclage, si,
comme cela se pratique dans plusieurs exploitations habilement conduites, on faisait
passer d'abord la herse dans le champ; la
sarclette n'aurait plus qu'à compléter l'œuvre
commencée. Après des pluies d'hiver, qui ont
battu le sol, on ne saurait mieux faire, dans
les terres argileuses, que de donner un her-

sage vigoureux pour ouvrir le sol, l'exposer aux influences combinées de l'air, de la chaleur et de la lumière, et pour favoriser le tallement de la céréale. Les bons effets du hersage sont d'autant plus sensibles que l'instrument fonctionne plus énergiquement. D'après Thaer, le hersage ne saurait jamais être trop vigoureux. Lorsque le champ, après cette opération, ressemble à un champ nouvellement retourné, lorsqu'on y aperçoit à peine quelques tiges et quelques feuilles vertes encore debout, lorsqu'on ne voit à la surface que de la terre ameublie, c'est alors que le hersage réunit toutes les conditions. Si le temps menaçait de sécheresse, on ferait suivre la herse d'un ou deux tours de rouleau. Ce dernier instrument est le seul qu'on doive employer toutes les fois que la gelée a déchaussé le blé.

Il arrive quelquefois, dans les terres excellentes qui bordent le canal du Midi, lorsque le printemps est favorable et qu'on a fumé directement pour le blé, que celui-ci s'emporte et devient assez feuillu pour faire craindre le versage ; les cultivateurs de ces localités préviennent cet accident en faisant pâturer la récolte par les moutons. Jamais on n'effane avec la faulx ou la faucille, parce qu'il est d'expérience que le blé, traité par ce procédé, repousse avec une nouvelle vigueur, l'épi reste maigre, et la tige est sujette à verser ; du reste, cet inconvénient se présente rarement dans la Haute-Garonne.

L'époque de la maturité du blé varie suivant les localités ; elle arrive, en général, du 1er au 15 juillet. La plupart des cultivateurs attendent, pour récolter, que le grain soit entièrement mûr ; mais n'y a-t-il pas imprudence à retarder ainsi la moisson dans un pays aussi sec et aussi sujet au vent d'autan ?

Les propriétaires éclairés commencent à suivre une autre méthode; ils savent fort bien qu'un excès de maturité racornit le grain et égrène la meilleure partie des épis, aussi récoltent-ils dès que le lait contenu dans le grain est changé en une pâte solide, et résiste, au même degré que la cire, sous la pression des doigts; ils ont seulement l'attention de ne rentrer les gerbes que lorsque la paille est bien sèche. Le blé destiné à servir de grain de semence est, au contraire, récolté dans un état de parfaite maturité.

Le blé se coupe de deux manières dans la Haute-Garonne : à la faux ou à la faucille. La première méthode, usitée exclusivement dans un petit nombre de localités, n'est réputée praticable que pour les blés fins. La plupart pensent qu'on ne peut l'appliquer aux blés gros sans s'exposer à en égrener une partie, par suite de l'ébranlement considérable que l'instrument fait éprouver, dit-on, aux gerbes ; mais, comme on ne se plaint pas de cet inconvénient dans les endroits où l'usage de faucher toute espèce de blé est déjà ancien, le reproche tombe de lui-même ; tout au plus doit-on en attribuer la cause à la maladresse de l'ouvrier ; l'emploi de la faucille est donc le plus ordinaire. Il existe deux manières de couper le blé avec cet instrument. Les uns coupent à quelques centimètres au-dessus du sol, les autres coupent aux deux tiers environ de la tige ; tous sont dans l'usage d'abattre le chaume avec la grande faux, lorsque la moisson est terminée. A part la double dépense occasionnée par cette seconde façon, il est difficile de se prononcer, d'une manière absolue, pour l'une ou l'autre de ces coutumes ; leurs avantages, en effet, semblent se balancer. Lorsqu'on emploie la faucille, la paille est plus nette de mauvaises herbes, on peut occuper un plus grand nombre de bras

sans que la dépense en soit sensiblement aug-
mentée. La faucille est, en outre, presque
indispensable là où l'on ne connaît pas l'usage
de la sape, toutes les fois que la récolte est
versée. Le principal avantage de la faux est
d'expédier plus d'ouvrage, considération importante dans les exploitations étendues et
sous un climat variable. Un bon faucheur abat
environ 5o ares de blé dans la journée; avec
la faucille, on coupe difficilement plus de 2o
à 2 5 ares.

Suivant le point de maturité auquel le blé
était parvenu lorsqu'on l'a récolté, on le laisse
un ou plusieurs jours en javelles sur le sol,
avant de le transporter dans la cour de l'exploitation ; les uns le rentrent après un seul
jour de javelage, quand il fait beau et que le
blé a été coupé à sa parfaite maturité; les
autres attendent qu'il ait passé deux ou trois
jours sur le sol. La plupart lient les gerbes

pendant la nuit et prennent le lien dans la gerbe même. Il vaudrait mieux semer du seigle dans une partie de la sole, et s'en servir pour lier le matin ou le soir, alors qu'on peut surveiller le travail des estivandiers. Suivant les localités, tantôt on dispose les gerbes dix par dix sur le sol, en dirigeant les épis du même côté et plaçant les deux dernières gerbes en toit incliné ; tantôt on range les gerbes en croix, tous les épis tournés vers le centre : chacune des gerbes est attachée par un seul lien.

C'est un usage généralement adopté dans le département de porter le blé dans la cour de l'exploitation ou sur un terrain avoisinant, aussitôt que les javelles sont suffisamment séchées, et de procéder de suite au battage ; celui-ci s'exécute de trois manières: par le dépiquage, au moyen du rouleau ou du fléau.

Le dépiquage consiste à faire fouler la récolte par les pieds des bœufs, des mules ou
des chevaux. Cette méthode, circonscrite aujourd'hui dans quelques cantons voisins des
départements où le dépiquage est en vigueur,
tend à disparaître entièrement du département, depuis que les avantages du rouleau
sont généralement appréciés, et que cet instrument est adopté par ceux-là même qui le
repoussaient avec le plus de prévention.

Pour le dépiquage au rouleau, on dispose
les gerbes en cercle, les épis tournés vers le
centre ; on laisse vides les angles de l'aire pour
y loger temporairement les menues pailles et
les piles de gerbes battues ; on réserve 3 à
4 mètres environ d'espace libre pour que
l'attelage puisse circuler sur les gerbes. Il
tourne ainsi autour d'un poteau auquel est
attaché un cordeau s'enroulant dans un sens
et se déroulant dans l'autre, à mesure que

les animaux ont fini et recommencent leur
évolution circulaire. En général, les bons cultivateurs ont soin de rendre le milieu de l'aire
légèrement bombé. Les gerbes mises en place
forment un lit de 16 à 21 centimètres d'é-
paisseur. C'est alors que l'attelage commence
à promener le rouleau dans le sens du plus
grand cercle de l'aire; il passe deux fois sur
les mêmes gerbes, mais en suivant une marche
inverse au second tour; et, à mesure qu'il a
foulé suffisamment le lit supérieur des gerbes,
on retourne celles-ci, et on les secoue légèrement avec une fourche à deux dents.
Dans l'intervalle des deux attelées, on laisse
les gerbes exposées à l'action du soleil. Vers
les trois heures après midi, on se remet à
l'œuvre avec l'attelage qui a fonctionné le
matin.

Dans la plupart des localités, les cultivateurs qui dépiquent au rouleau se servent de

cylindres en bois; mais beaucoup de propriétaires préfèrent employer aujourd'hui les rouleaux en pierre; ils trouvent que cet instrument égrène mieux le blé, et surtout qu'il fatigue moins l'attelage. On peut atteler indifféremment au rouleau des bœufs, des mules ou des chevaux. Au moyen de deux attelées de deux heures chacune, le matin et le soir, on bat de 20 à 25 hectolitres. Un gros rouleau traîné par deux chevaux n'expédie pas, à proportion, autant d'ouvrage qu'un rouleau moyen tiré par un cheval.

Le battage au fléau n'est plus usité que dans un petit nombre de localités du département, et vraiment on doit s'en applaudir lorsqu'on se représente combien cette opération, qui s'exécute en plein soleil et dans le mois le plus chaud de l'année, fatigue ceux qui s'y livrent. Hommes et femmes sont employés à battre; le lit de gerbes a 8 à 10 centimètres d'épaisseur; l'aire est enduite de bouse de vache. Dans la montagne, le battage a lieu pendant l'hiver. On se sert de gaules en guise de fléau pour battre le grain; quelques-uns se contentent même de frapper les gerbes contre un plan incliné, mais ce procédé, excellent pour extraire le blé de semence, laisse beaucoup de grain dans la paille.

A mesure que les gerbes sont battues, les estivandiers les portent, à l'aide de deux perches, au lieu où doit s'élever la meule de paille. En général, on se contente d'amonceler la paille, de manière à en former des tas qui présentent l'aspect de carrés longs terminés à leur sommet par une toiture à deux pans; des cordons de paille protégent la meule contre le vent; on la soutient aussi quelquefois par des perches placées obliquement. Dans l'arrondissement de Villefranche, un grand nombre de propriétaires emploient une méthode particulière pour assurer la conservation de la paille et la préserver des fortes pluies de l'hiver, ils *gâchent* leurs paillers. Cette opération se pratique ainsi qu'il suit : on prend une terre argileuse et on la délaye comme du mortier; une échelle est appliquée le long de chaque côté du pailler; deux hommes placés en face l'un de l'autre, étendent cet enduit avec la paume de la main, et en couvrent la meule jusqu'aux deux tiers de sa hauteur, en commençant par le faîte et descendant successivement vers le sol. La pluie et le vent n'ont aucune prise sur les paillers ainsi gâchés, la paille s'y conserve mieux que dans des granges.

Le rendement du blé varie suivant la nature du sol et la place qu'il occupe dans l'assolement. Dans les bonnes terres de l'arrondissement de Toulouse, dans celles qui sont assolées en maïs et froment, on obtient de

25 à 30 hectolitres par hectare; dans les boulbènes légères, on n'a guère que 15 hectolitres.

Dans la rotation du tiercement, le blé rend, en moyenne, de 20 à 22 hectolitres par hectare. Sur les coteaux de bonne qualité de l'arrondissement de Villefranche, on récolte, en moyenne, de 15 à 20 hectolitres par hectare.

Les meilleurs fonds de l'arrondissement de Muret rendent à peu près autant en blé que les bonnes terres argileuses de l'arrondissement de Toulouse; dans les boulbènes légères, on n'a souvent que 8 à 10 hectolitres. Ne vaudrait-il pas mieux se contenter d'y semer du seigle, et amener, par degrés, le sol à la fécondité nécessaire pour produire utilement une céréale plus lucrative ? Dans l'arrondissement de Saint-Gaudens, le rendement moyen varie entre 18 et 22 hectolitres sur les bons sols argilo-sablonneux, tels que celui de la plaine de Valentine.

Le blé est sujet à la rouille, désignée dans le département sous le nom de *brouillard*; il est encore exposé au charbon, à la coulure et à la carie; cette dernière maladie ne l'affecte que rarement.

Le blé, une fois battu, est porté mélangé avec les balles dans un local nommé *serre-piles*, dont le propriétaire a seul la clef; on l'y dépose jusqu'à ce que le vent permette de vanner : cette opération s'exécute en jettant le grain contre le vent. On le verse ensuite dans un crible très-large, où il se débarrasse d'une partie de ses impuretés, puis on l'emmagasine; les propriétaires les plus soigneux, après avoir criblé leur blé, le font passer dans un *crible à échelle*, qui n'est autre qu'une table en fil de fer placée sur un plan incliné; cette seconde préparation achève de le purifier, et lui donne en même temps plus de main.

La méthode la plus générale, et pour ainsi dire exclusive de conserver le blé dans la Haute-Garonne, consiste à l'étendre par couches dans des greniers; bien qu'on ait soin de l'y remuer de temps en temps, il s'y échauffe toujours plus ou moins, suivant que le grenier est plus ou moins bien situé, et les charançons et l'alucite y causent souvent de grands ravages. On se trouverait mieux certainement de loger le blé dans des pièces au rez-de-chaussée, carrelées en briques et non sujettes à l'humidité. Ce moyen, cependant, ne vaut pas encore celui adopté par M. O. Esquirol dans son domaine. Cet habile propriétaire conserve son blé dans des silos pratiqués dans le sol et dans l'intérieur même des bâtiments d'exploitation. Une seule ouverture est ménagée à la partie supérieure du silo pour l'entrée et la sortie du grain ; les parois sont garnies d'un lit de paille de 18 à 20 centimètres d'épaisseur que soutiennent des barres fixées par des crampons et des piquets. Le silo ainsi disposé, on y verse le grain de manière à le remplir complétement et on le ferme avec de la glaise moullée et bien battue, soutenue par des planchettes. Comme on le voit, les frais de construction de ce silo sont fort peu dispendieux. Depuis que M. O. Esquirol fait usage de cette méthode, il n'a jamais de blé fermenté, et son grain se conserve parfaitement à l'abri de l'attaque des insectes.

SEIGLE.

Si le blé est la plante par excellence dans les bons sols argileux où, d'ailleurs, il est toujours facile d'obtenir de riches récoltes, le seigle est sans contredit la céréale la plus

précieuse pour les terres pauvres qui manquent de consistance et qui présentent si peu
de ressources à la production alimentaire.
Non-seulement il fournit abondamment paille
et grains, mais il épuise peu le sol, il revient
sur lui-même sans beaucoup d'inconvénients;
il résiste bien à l'hiver, il mûrit de bonne
heure et n'est sujet qu'à un petit nombre de
maladies ; ces avantages lui appartiennent
presque exclusivement parmi les plantes agricoles; il n'exige, en retour, qu'un sol bien
préparé et une semaille faite en temps convenable.

Les points essentiels pour la culture de
cette plante consistent, 1° à placer le seigle
dans un sol bien net et bien pulvérisé ; 2° à
le semer sur vieux labours ; 3° à enterrer la
semence à une profondeur qui n'excède pas
10 centimètres; 4° à préférer la semence
nouvelle à une vieille semence.

Dans les boulbènes les plus légères de l'arrondissement de Muret, le seigle qui succède à la jachère reçoit 4 et 5 labours.

Dans les autres contrées du département, on ne lui donne qu'une façon quand il suit une récolte de sarrasin, mais on enterre le grain à la charrue.

En général, on sème le seigle vers les premiers jours d'octobre et dans la proportion de 2 hectolitres par hectare ; dans la partie de la montagne Noire voisine de Revel, on retarde la semaille jusqu'en novembre. Dans le canton d'Aspet, on répand 3 hectolitres par hectare.

Nulle part il n'est d'usage de herser le seigle au printemps ; cette façon, cependant, ne lui serait pas moins utile qu'au blé.

La récolte a lieu du 15 au 20 juin dans la

plaine, et seulement vers la fin du mois dans la partie montagneuse du département; elle s'effectue de la même manière que pour le blé. Le rendement moyen est évalué à 25 hectolitres par hectare.

MÉTEIL.

Indépendamment du méteil proprement dit (blé et seigle), que l'on cultive principalement dans les arrondissements de Muret et de Saint-Gaudens, il existe une autre espèce de méteil dont l'usage est très-répandu dans les arrondissements de Toulouse et de Villefranche; on la désigne sous le nom de blé *métaden,* c'est-à-dire blé résultant du mélange de deux variétés de froment : de blé gros et de blé fin, dont les proportions varient suivant la nature et la fécondité du sol.

Pour le méteil ordinaire, on met ordinairement un tiers de blé avec deux tiers de seigle dans les sols qui, sans convenir absolument au froment, se rapprochent néanmoins davantage des terres à blé que des terres à seigle ; on renverse cette proportion lorsqu'il s'agit d'une terre à blé qui n'a besoin que d'être ménagée.

Dans la plupart des localités, le blé gros n'est jamais semé pur, il contient toujours une certaine quantité de blé fin. Les semailles de ces méteils ont lieu dans le courant d'octobre, leur culture et leur récolte sont les mêmes que celles du blé et du seigle pur; mais leurs produits sont toujours plus élevés que si l'on avait semé les deux grains isolément.

AVOINE.

Ici, comme presque partout, l'avoine est reléguée sur les plus mauvais terrains ; et,

parce qu'elle est rustique, on se croit auto-
risé à abandonner, pour ainsi dire, à la nature, le soin de sa végétation. L'avoine, cependant, mérite d'être mieux traitée ; aussi
bien que l'orge, elle paye généreusement une
bonne préparation du sol ; elle a, de plus,
sur cette céréale, l'avantage d'être très-peu
épuisante.

L'avoine blanche est la variété que l'on
cultive de préférence dans le département ;
elle succède ordinairement à une céréale.
Dans les plus mauvaises terres de l'arrondissement de Muret, elle vient après un seigle
semé sur jachère ; dans les bons sols argileux
des arrondissements de Toulouse et de Villefranche, on la place sur le chaume du blé ;
quelques-uns la font succéder à des récoltes
sarclées ; très-peu la mettent directement sur
une éteule de trèfle, de luzerne ou de sainfoin.

La plupart des cultivateurs sèment l'avoine avant l'hiver; ce n'est que par exception qu'on a recours à la semaille de mars, qui rend constamment moins que l'autre, et est souvent exposée à périr par la sécheresse.

Quelle que soit, du reste, la saison où l'on sème l'avoine, il est d'usage de ne donner qu'un seul labour après celui qui a servi à rompre le chaume; souvent même on néglige de déchaumer. L'époque des semailles et la proportion de grains qu'on répand offrent de grandes différences dans certaines localités.

Beaucoup de propriétaires sèment vers la fin d'octobre et dans la proportion de 2 hectol. par hectare; lorsque les semailles ont lieu en mars, on emploie un demi-hectol. de plus.

Dans l'arrondissement de Villefranche, près

Revel, il en est qui ne sèment l'avoine que dans la première quinzaine de novembre; M. Roques, habile praticien à Gardouch, sème dès le 25 septembre; et, bien qu'en général on admette que les semailles précoces peuvent et doivent être plus claires que les semailles tardives, il met 4 hectolitres par hectare et s'en trouve bien : on sait que les Anglais dépassent encore de beaucoup cette proportion.

Dans la vallée du Touch (arrondissement de Toulouse), on sème 3 hectolitres pour l'avoine d'hiver, et 3 hectolitres 50 litres pour celle de printemps.

Dans les boulbènes légères de l'arrondissement de Muret, on donne la préférence aux semailles hâtives; la semaille est d'autant plus drue que le sol est de moins bonne qualité.

Partout l'avoine est enterrée à la charrue ; on l'enfouit par un labour de 10 centimètres environ ; rarement on emploie la herse à cet usage, et plus rarement encore fait-on suivre la herse du rouleau, même sur les terres légères où cet instrument produit de si bons effets.

En général, dans la Haute-Garonne, les semailles terminées, on ne donne plus aucune façon à l'avoine ; elle n'est ni sarclée, ni hersée, ni roulée au printemps, aussi les habitants accusent-ils leur climat d'être peu favorable à cette production.

Dans toutes les localités du département, l'avoine se coupe à la faux. Les uns la laissent étendue sur le sol pendant 4 ou 5 jours, d'autres prolongent le javelage jusqu'à 8 et 15 jours. De ces divers procédés le premier doit être préféré. Par un javelage prolongé, le grain, il est vrai, augmente de volume, il acquiert une coloration plus intense, présente plus de facilité pour le battage; mais, en revanche, il perd une partie de son poids, la paille s'altère considérablement, les grains les meilleurs restent sur le sol au profit des mulots, le déchaumage est retardé, et peut même devenir impossible par la sécheresse; enfin on expose la récolte aux chances d'une température contraire dont on ne peut calculer la durée.

L'avoine rend, dans le département, depuis 15 jusqu'à 25 hectolitres par hectare; produit vraiment insignifiant quand on se reporte aux excellentes terres de la Haute-Garonne.

Dans plusieurs métairies, on cultive chaque année de l'avoine comme fourrage destiné à la nourriture d'hiver du bétail; on la coupe alors quand le grain est à demi mûr. Ce four-

rage, qui se fane de même que le foin, est
réputé inférieur à celui fait avec des vesces
récoltées en fleurs.

ORGE.

Cette culture est tout à fait exceptionnelle
dans le département; on ne lui consacre jamais qu'une faible étendue de terrain.

L'orge se sème vers la fin d'octobre, dans
la proportion de 2 hectolitres par hectare.
Le sol est préparé par deux labours, dont le
second atteint 16 à 18 centimètres de profondeur; le grain est enfoui à la charrue. La
récolte a lieu dans le mois de juin. On coupe
à la faux et à la faucille; les javelles sont ren-
trées deux ou trois jours après être restées
étendues sur le sol. On obtient, en moyenne,
25 hectolitres par hectare.

MILLET.

Le millet (*panicum miliaceum*) se cultive quelquefois en récolte principale dans les soles de jachères, mais le plus souvent on le sème en récolte dérobée ou pour utiliser la fourrière des pièces.

Cette plante, qui vient parfaitement dans les sols argilo-sablonneux, et prospère partout où réussit le maïs, exige une terre bien préparée; deux ou trois labours sont regardés comme nécessaires dans les sols de consistance moyenne. Quand on sème le millet en récolte dérobée, on se borne ordinairement à retourner l'éteule par un seul labour donné à 10 centimètres de profondeur, mais on passe à diverses reprises la herse afin d'ameublir complétement le terrain : de cette condition dépend le succès du millet qui veut, en outre, un sol riche.

Il supporte une forte fumure sans être exposé à verser; on ne devrait donc jamais se dispenser de lui appliquer de l'engrais, surtout quand on le cultive en seconde récolte.

La méthode la plus ordinaire, dans le département, est de le semer en lignes : on répand de 3o à 4o litres par hectare. Le premier sarclage a lieu peu de temps après la levée de la plante; le second se donne lorsque les mauvaises herbes commencent à reparaître. Quelques cultivateurs ne sèment jamais le millet autrement qu'à la volée, et sans lui donner aucun sarclage; mais de tels procédés sont justement mis à l'index et seraient abandonnés depuis longtemps par ceux-là même qui s'y livrent, si le millet formait une récolte tant soit peu importante; ils feraient mieux, sans contredit, de le remplacer par du sarrasin, plante qui s'arrange plus volontiers de la négligence du cultivateur, et qui, dans tous les cas, ne détériore pas autant le sol. Le millet se récolte dans le courant de septembre.

On sème encore dans le département une autre espèce de millet plus rustique, c'est le *millet à balais,* ainsi nommé parce que son produit principal consiste dans la tige et dans la panicule, qui servent à faire des balais; le grain est donné aux pigeons. La culture de cette plante est la même que celle du millet ordinaire.

MAÏS.

Après le blé, le maïs est la récolte la plus importante pour le département de la Haute-Garonne; de toutes les plantes introduites dans l'économie rurale, c'est celle qui donne le produit le plus élevé qu'on puisse exiger du sol, pour la nourriture de l'homme et celle du bétail; son mode de culture permet, en outre, de l'intercaler dans tous les assolements.

On cultive deux variétés de maïs dans la Haute-Garonne : le gros maïs de couleur jaune ou blanche et le petit maïs, appelé *millette*, à couleur également blanche ou jaune. La première variété a les racines moins longues et fatigue moins le sol ; le petit maïs, caractérisé par sa tige mince, très-feuillue, à épis multiples, réussit mieux dans les terres légères ; il ne s'élève pas autant que le gros maïs.

Le maïs, désigné communément sous le nom de *millet* dans le département, exige les meilleurs sols, ou, pour mieux dire, les terres les plus riches; on ne saurait trop fumer pour cette plante, qui ne verse jamais. C'est donc

avec raison qu'on lui réserve les terres argileuses les plus propres au froment, sans toutefois l'exclure des boulbènes; mais, sur ces
dernières, qui ne possèdent ordinairement que
peu de fécondité, son principal avantage consiste dans les façons multipliées dont il est
l'objet, et qui procurent efficacement la destruction des mauvaises herbes.

Suivant qu'on place le maïs dans tel ou tel
terrain, on prépare le sol de différentes manières.

Dans les *terres-forts,* on ouvre le sol vers
la fin de l'été ou dans le courant de l'automne
par un labour qui atteint ordinairement une
profondeur de 20 à 27 centimètres. Les uns
se servent, à cet effet, de pelversoir, et alors
ils ne donnent plus qu'une seule façon à la
charrue au printemps ; les autres donnent
toutes les cultures à la charrue ; ce dernier

mode est considéré comme préférable dans les terres sujettes à se battre ; on a soin, dans ce cas, de prendre des tranches aussi étroites que possible, afin qu'elles ne se tassent pas aussi facilement que si elles étaient renversées à plat. Sur les terres calcaires ou sur les sols argileux qui se laissent ameublir par les gelées, le labour au pelversoir passe pour plus avantageux : dans l'une et l'autre méthode, il est nécessaire de labourer à une grande profondeur quand il y a du fond.

Le maïs succède ordinairement à une jachère ou au blé, quelquefois au trèfle, et plus rarement aux vesces fauchées en vert.

L'usage de semer le maïs sur jachère n'a lieu que sur les boulbènes trop pauvres pour être soumises indéfiniment à l'assolement biennal (blé et maïs) ; on alterne de temps à autre l'une et l'autre céréale, en maintenant la jachère comme pivot ; celle-ci reçoit quatre et cinq façons, et procure une belle récolte de maïs lorsqu'on fume suffisamment ; mais une jachère fixe ne fait-elle pas double emploi ici avec la récolte sarclée par excellence, même dans les sols sujets aux mauvaises herbes ? Il semble que ces deux années de cultures répétées ne devraient être adoptées que dans certaines circonstances désespérées où le sol est tellement infesté de plantes parasites qu'on ne peut les extirper par une simple jachère, encore celle-ci suffira-t-elle la plupart du temps si les façons sont données à propos, et si l'année n'est pas trop contraire.

Après blé, on prépare le sol par deux labours en long et par un troisième en travers. Le premier labour, appelé *rastouillat,* se donne en août ou septembre et pénètre à 21 centimètres de profondeur ; le deuxième, *bina,* a lieu à la fin de février ou au commencement de mars; le troisième, *tiercé*, s'exécute dans le mois d'avril. Le fumier est enterré par le deuxième labour. Au moment des semailles, le sol se trouve disposé en billons de quatre raies.

On peut regarder comme une exception la pratique suivie par quelques cultivateurs, de semer le maïs après trèfle. La terre, dans ce cas, est préparée par un seul labour donné au pelversoir; le maïs réussit très-bien à cette place.

Après des vesces récoltées en vert, on met quelquefois du maïs dans le canton de Revel; on sème sur un simple labour, qui renverse l'éteule.

Le choix de la semence est un point généralement bien observé dans le département. La plupart des propriétaires ne manquent pas d'employer pour semence les grains les plus mûrs et les mieux formés ; en conséquence, ils retranchent les deux extrémités de l'épi dont les grains sont ordinairement moins développés que ceux du reste de l'axe ; par cette précaution bien simple, et toutes choses d'ailleurs égales, ils évitent d'avoir dans leurs récoltes des tiges faibles et rachitiques, maladies qu'on doit surtout attribuer à l'emploi d'une semence imparfaite.

L'époque des semailles varie ; elle a lieu depuis les premiers jours d'avril jusqu'à la fin de mai. Dans les terres saines et bien situées, on regarde comme avantageux de semer de bonne heure lorsqu'on n'a pas à redouter les gelées tardives. Dans les autres sols, au contraire, on préfère différer jusqu'au mois de mai.

La méthode la plus ordinaire de semer

le maïs est celle-ci : des femmes, munies d'un panier, ou d'un tablier dans lequel est contenue la semence, suivent le laboureur et jettent, de distance en distance dans le sillon qui vient d'être ouvert, deux ou trois grains de maïs, qui sont couverts par le second trait de charrue.

La distance à laquelle on place le maïs est loin d'être la même dans toutes les localités.

Les uns mettent les plantes à 48 centimètres de distance dans les lignes et laissent un intervalle de 45 centimètres entre chaque ligne; les autres placent les pieds de maïs à 65 centimètres en tous sens; dans le Lauraguais, les lignes seules sont à 65 centimètres les unes des autres et chaque pied de maïs se trouve à 3o ou 4o centimètres des plants voisins ; ce rapprochement a pour but de donner un abri mutuel aux tiges dans une

contrée ouverte de l'est à l'ouest, et partant
très-exposée aux vents d'autan et du couchant ; mais, à part cette circonstance spéciale
et celles qui lui sont analogues, on sème généralement le maïs beaucoup trop dru dans
la Haute-Garonne. Ce vice s'explique aisément. Le maïs, d'après les conventions ordi-
naires du pays, se partage communément par
moitié entre le propriétaire et les estivandiers.
Ces derniers, chargés de toutes les façons
autres que celles du labour, sont tous persuadés que la récolte leur est d'autant plus
profitable qu'elle est plus épaisse, aussi rap-
prochent-ils les plants outre mesure. Le résultat, chaque année, trompe leurs prévi-
sions ; et cependant, malgré l'évidence des
faits, on ne peut les décider à réformer cette
pratique inconsidérée ; c'est à peine si le propriétaire lui-même est écouté lorsqu'il veut
faire éclaircir la portion qui lui revient. Dans
la plupart des circonstances, les plants de

maïs peuvent être espacés à 65 centimètres
les uns des autres. Les terrains soumis à l'irrigation, comme par exemple dans la vallée
de Luchon, supportent naturellement une
semaille plus épaisse, mais aussi il faut fumer
plus fortement, d'après ce principe, que l'é-
puisement du sol est toujours proportionné
à la production en grain.

Le maïs demande à être biné avec soin.
La première façon se donne généralement
dans le mois de mai ; en même temps on
sarcle et l'on éclaircit le plant qui se trouve
trop dru. Dans le mois de juin, on fait passer
dans chaque raie une charrue à un seul versoir pour déchausser le plant, c'est-à-dire que
l'instrument ramène la terre du pied de chaque ligne de plantes vers le milieu des sillons,
pour en former des ados. Les plants de maïs
se trouvent ainsi séparés de l'ados par une
petite rigole. Au commencement de juillet,

on refend le billon, la charrue le coupant par son milieu renverse la moitié de l'ados sur chacune des lignes de maïs; de cette manière, celui-ci reçoit un buttage qui le chausse jusqu'à une hauteur de 32 centimètres environ. Certains praticiens fort habiles, tout en recommandant le buttage dans les localités particulièrement exposées aux vents du sud et de l'ouest, pensent que si cette opération peut s'effectuer sans inconvénient pour le maïs lorsque les lignes sont espacées à 97 centimètres les unes des autres, il n'en est pas de même lorsque les lignes sont à une distance plus rapprochée; ils croient que, dans ce cas, le buttage nuit au maïs en détruisant une partie du chevelu et en mettant beaucoup de racines à nu; aussi conseillent-ils de se contenter d'un nouveau sarclage donné à plat et à une légère profondeur près des tiges. Cette observation judicieuse mérite certainement d'être prise en considération toutes les fois qu'on se sert de la charrue pour butter; mais les inconvénients inhérents à cet instrument disparaissent par l'emploi du buttoir perfectionné, c'est-à-dire du buttoir à versoir, se rapprochant ou s'écartant à volonté ; il fonctionne très-bien entre les lignes de maïs, pourvu qu'elles aient 48 centimètres et mieux encore 65 centimètres de largeur.

L'époque du buttage est aussi celle que l'on choisit pour châtrer le maïs. On sait que cette plante, dans les sols de bonne qualité et bien fumés, émet près de terre des rejets latéraux qui ne portent pas d'épis ou qui n'en donnent que de très-faibles; leur végétation a le double inconvénient d'épuiser davantage le sol et de s'effectuer au détriment de la tige-mère ; c'est donc une chose utile que de les arracher, et l'on doit d'autant moins négliger cette opération, qu'on se procure ainsi un excellent fourrage pour le bétail.

L'étêtement du maïs a lieu depuis la fin du mois d'août jusque dans les premiers jours de septembre. Il s'effectue lorsque les pistils commencent à se flétrir et que la fécondation est complétement opérée. On étête le maïs en coupant la panicule à 8 ou 10 centimètres au-dessus de l'épi supérieur; cette façon est la dernière que la plante exige jusqu'à la récolte.

Les avis sont encore partagés sur l'utilité de l'étêtement par rapport au maïs. Les uns, en petit nombre il est vrai, pensent qu'il est préférable de laisser les panicules sur pied, les autres assurent que leur retranchement accélère la maturité et qu'on peut, de cette manière, disposer de plus de temps pour donner au sol les préparations nécessaires pour la récolte qu'il doit recevoir. Sans aucun doute, l'étêtement ralentit la circulation de la sève, suspend le cours de la végétation, et par suite détermine une dessiccation plus prompte dans le fruit; mais, en admettant qu'il en résulte une diminution sensible dans le volume des grains, comme quelques-uns le prétendent, cette perte est largement compensée par la supériorité des panicules vertes comme fourrage sur des panicules qu'on ne receuille qu'après avoir récolté les épis; cette considération seule suffirait pour justifier l'usage d'étêter, partiqué par tous les bons cultivateurs.

Les sommités du maïs forment un des fourrages les plus recherchés par le bétail, et surtout par les bœufs; on les donne vingt-quatre heures seulement après qu'elles ont été coupées, lorsqu'elles sont déjà flétries et qu'une partie des sucs aqueux qu'elles contiennent en excès est évaporée. En général, on ne procède à l'étêtement qu'au fur et à mesure des besoins du bétail; la plupart font manger les

panicules en vert, il en est beaucoup, néanmoins, qui en font sécher une partie pour servir de nourriture d'hiver. Dans ce but, ils
étendent les panicules coupées sur les sillons;
mais, de cette manière, la dessiccation est fort
lente, et, s'il survient de la pluie, le fourrage
est exposé à pourrir sur une terre imprégnée
d'humidité; il vaudrait mieux enlever les panicules du champ et les étendre sur une prairie où l'on pût les retourner au besoin lorsque
la dessiccation serait suffisamment avancée.
Une fois sèches, on les rentre sous un hangar ou dans une grange.

Le moment de récolter s'annonce par la
couleur blanche que prennent les tuniques à
leur extrémité; celles-ci s'entrouvrent et laissent apercevoir le grain. L'époque de la maturité varie suivant les localités : dans les terres
froides du département, elle n'a lieu que vers
la fin d'octobre et même dans la première

quinzaine de novembre. Dans les parties les plus chaudes, elle arrive quelquefois en septembre, mais ordinairement dans la première quinzaine du mois suivant. Deux procédés sont usités dans la Haute-Garonne pour récolter le maïs. Les uns coupent la tige au pied avec une faucille, et portent la récolte dans la cour de la métairie, où on la dresse en meule quand on ne sépare pas aussitôt les épis; les autres, et cet usage est bien préférable, enlèvent les épis avec la main, sur le champ même; des femmes les mettent au fur et à mesure dans un panier suspendu à leur bras, et, quand ce dernier est rempli, elles le vident dans un sac qu'on transporte à la métairie; les tiges sont ensuite coupées lorsque tous les épis sont rentrés; on en forme des meules, et les cultivateurs soigneux les couvrent avec du chaume, afin de se ménager une excellente provision de combustible pour l'hiver.

Tantôt le partage de la récolte se fait dans le champ même ; et, dans ce cas, on forme deux piles de tout le maïs recueilli ; le propriétaire choisit le tas qui lui convient ; les estivandiers et les maîtres-valets se partagent ensuite le reste, comme ils l'entendent.

Lorsque le temps est favorable au moment de la cueillette, la conservation de la récolte ne présente pas de difficultés ; on porte le maïs au grenier et on le met en tas de 65 centimètres de hauteur. Il suffit alors de le remuer de temps en temps pour empêcher qu'il ne s'échauffe ; mais lorsque la récolte a eu lieu par un temps humide, il faut employer plus de précautions, les épis étant naturellement sujets à s'échauffer et à contracter une mauvaise odeur. Dans ce but, plusieurs propriétaires font établir des claies au-dessus du plancher et y placent les épis en couches peu épaisses, en ayant soin de les remuer souvent ;

le plus grand nombre forment de longs cha-
pelets de maïs, à l'aide des tuniques repliées
sous l'axe de l'épi, et ils suspendent la récolte
aux poutres d'un grenier ou d'un hangar. Ce
procédé, très-favorable à la conservation du
maïs, n'a contre lui que d'exiger un emplacement considérable; il est presque toujours insuffisant pour loger une récolte abondante,
c'est pourquoi les cages à claire-voie, élevées
sur des piliers en bois, sont bien préférables.
Suivant M. de Dombasle, la cage ne doit pas
avoir plus de 97 centimètres de largeur, afin
que l'air circule librement dans toute la masse;
on peut lui donner 2 mètres d'élévation sous
les gouttières; le fond de la cage et les parois
sont fermés avec des lattes clouées à l'intérieur contre les traverses, et séparées entre
elles de manière à ne pas laisser passer les
épis. La cage se charge par le haut, et peut
être surmontée d'un toit mobile en planches
ou en chaume; il est essentiel d'arrondir et

de lisser soigneusement les poteaux, depuis le sol jusqu'au plancher, afin de fermer tout accès aux souris et aux rats, grands amateurs de maïs.

Lorsque le maïs est bien sec, on l'égrène. Cette opération s'exécute de plusieurs manières.

Dans l'arrondissement de Toulouse, on se sert généralement d'un banc, dans lequel on a implanté une lame en fer pour extraire le grain des épis.

Dans l'arrondissement de Villefranche, les uns emploient ce procédé, les autres froissent l'épi contre une lame en fer qui traverse une comporte, dans laquelle se trouvent les épis à égrener. Quelques-uns commencent par battre le maïs avec de gros bâtons (pals), des femmes achèvent ensuite l'opération à la main.

Dans l'arrondissement de Muret, la plupart emploient une queue de poêle pour égrener le maïs. Les propriétaires aisés se servent d'un disque dentelé, en fer fondu. Il faut un homme robuste pour faire aller la machine; un enfant apporte le maïs, un autre le jette dans la trémie. Cet instrument expédie 24 hectolitres par jour.

Dans les bonnes terres des arrondissements de Toulouse, de Villefranche et de Muret, le maïs rend 25 hectolitres environ par hectare; à Revel, on ne compte que sur 15 à 18 hectolit. à Saint-Gaudens, le rendement moyen s'élève de 16 à 20 hectolitres. L'axe de l'épi, connu sous le nom de *charbon blanc*, sert de combustible; on pourrait en tirer un bon parti en le faisant consommer par le bétail, ainsi que cela se pratique dans plusieurs départements du nord-est de la France. Il faudrait, dans ce cas, le couper, l'arroser avec de l'eau bouillante, et le servir tiède aux animaux. Les tuniques servent à fabriquer des paillasses, elles sont très-recherchées pour cet objet. Le maïs n'est sujet qu'à une seule maladie, le *charbon* : on en ignore encore la cause. Pusieurs propriétaires cultivent aussi le maïs comme fourrage vert, et, pour cela, le sèment à la volée. Traité de la sorte, le maïs est très-épuisant. On remédie, en partie, à cet inconvénient en le semant en lignes, et en le binant avec soin. Ce procédé est suivi par les cultivateurs éclairés; il va sans dire qu'on ne doit jamais manquer de fumer cette récolte fourragère.

Dans tous les arrondissements, on est dans l'habitude d'intercaler quelques rangées de haricots, de pommes de terre ou de betteraves parmi les lignes de maïs. Ces plantes reçoivent ainsi les mêmes façons que la récolte principale. Dans l'arrondissement de Saint-

Gaudens, vers la partie la plus méridionale
du département, les haricots sont semés au
pied même des tiges de maïs : celles-ci leur
servent de tuteurs.

SARRASIN.

Le sarrasin, cultivé principalement dans
l'arrondissement de Saint-Gaudens, ne vient
jamais qu'en seconde récolte ; la plupart le regardent comme une plante très-peu épuisante,
même après une céréale ; dans le canton d'Aspet, au contraire, on l'accuse de ruiner les
terres quand il succède immédiatement au blé
et au seigle de l'année ; nulle part on ne le
cultive pour enfouir en vert.

Le sarrasin se plaît surtout dans les terres
argilo-sablonneuses bien ameublies. La faculté précieuse qu'il a de tirer de l'atmosphère la plus grande partie de sa nourriture

fait qu'on se dispense ordinairement de le fumer; on ne doit cependant en agir ainsi, surtout en seconde récolte, que lorsque le sol est suffisamment riche; ce principe est de rigueur pour toute récolte dérobée; faute de l'observer, on achève d'épuiser le terrain, et le sarrasin se ressent plus vivement encore des influences d'une température contraire, auxquelles il est naturellement très-impressionnable.

Dans la Haute-Garonne, on le sème ordinairement du 1er au 15 juillet; passé ce temps, on regarde sa réussite comme très-chanceuse s'il ne survient pas de pluie. Sa culture est très-simple. Aussitôt la récolte de blé ou de seigle enlevée, on donne un labour au sol, et on le herse à trois ou quatre reprises, afin de le rendre bien meuble; on répand 75 litres de graine par hectare, et l'on enfouit la semence par un simple hersage : on ne roule pas. Cette opération, cependant, dans les boulbènes légères, ne pourrait être que fort utile pour presser la terre contre la semence, empêcher l'air extérieur d'agir trop fortement sur le sol, et y maintenir ainsi une fraîcheur salutaire à la levée de la plante.

Le sarrasin, après la semaille, n'exige plus aucun soin ; sa réussite dépend entièrement des circonstances atmosphériques qui surviennent pendant le cours de la végétation. Le temps se tient-il constamment sec par suite de la chaleur ou du vent, le sarrasin reste chétif et graine mal ; mais s'il y a de fréquentes alternatives de chaleur et d'humidité, la végétation de la plante devient très-vigoureuse, et son produit, d'ailleurs si capricieux, est d'une abondance extraordinaire.

La sarrasin, semé vers la mi-juillet, se récolte, en général, dans la dernière quinzaine d'octobre. On le coupe à la faucille, à quelques centimètres au-dessus de terre quand il abrite un jeune farouch. La récolte reste étendue pendant plusieurs jours sur le sol ; on la réunit ensuite en petites meules pour achever sa dessiccation. Elle reste quelquefois fort longtemps en cet état sans s'altérer. Le grain s'extrait au moyen du fléau ; la paille est étendue dans la cour de l'exploitation pour être foulée par le bétail ; lorsqu'elle est en grande partie décomposée, on la répand, en guise de fumure, sur les prés.

LÉGUMES.

Les plantes cultivées pour leurs légumes, dans la Haute-Garonne, sont les fèves, les haricots, les lentilles et les pois chiches.

12.

FÈVES.

Cette culture est très-négligée. A voir leurs champs de fèves, on dirait que les habitants de la Haute-Garonne ignorent l'importance de cette récolte précieuse, ainsi que les ressources qu'elle présente comme préparation pour le blé. Après la jachère, c'est la plante sarclée qui convient le mieux aux terres argileuses; elle tire la plus grande partie de sa nourriture de l'atmosphère; par suite, elle est fort peu épuisante; elle laisse, en outre, de riches débris dans le sol.

Les fèves ne réussissent jamais mieux que dans un sol compacte et frais, dans les terres à blé par excellence, telles que les *terres-forts* des arrondissements de Toulouse et de Villefranche : elles viennent bien encore dans les terres silico-argileuses; mais leur

produit n'y est point aussi considérable , à
moins que l'exposition, une culture soignée,
et une température alternativement chaude
et humide ne viennent compenser les inconvénients d'un sol peu lié, sous un climat sujet
à de longues sécheresses.

En général, c'est dans l'année de jachère
qu'on place les fèves ; quelques-uns les mettent après le maïs , d'autres sur le chaume
du blé. Quel que soit, du reste, leur précédent, elles peuvent revenir sur elles-mêmes
à des intervalles très-rapprochés, et servir
indéfiniment de récolte intercalaire entre
deux céréales, lorsqu'on leur donne les façons nécessaires. Sur une terre légère, il est
indispensable d'éloigner leur retour.

Les fèves , de même que les autres plantes
à tiges noueuses et robustes, supportent une
forte proportion d'engrais sans verser. Il sem-

blerait donc naturel de profiter de cet heureux privilége pour leur appliquer le fumier; mais on suit une méthode tout opposée dans la Haute-Garonne : ceux qui sèment les fèves sur une éteule de blé ne les fument jamais; il en est de même lorsqu'elles précèdent immédiatement la céréale, c'est toujours cette dernière qui reçoit directement le fumier; on semble craindre qu'elles ne laissent plus rien pour la récolte suivante, tandis qu'elles n'absorbent qu'une faible portion d'humus, et que les façons qu'on leur donne, en détruisant les mauvaises herbes apportées avec l'engrais, laissent le sol parfaitement net pour la récolte suivante. Si donc les propriétaires se décidaient à suivre un procédé plus rationnel, il conviendrait de fumer, soit au premier labour après le déchaumage, soit en même temps qu'on enfouit la semence; les fèves supportent très-bien une fumure fraîche.

C'est par la rusticité de cette plante qui, lorsque la température ne lui est pas contraire, donne toujours un résultat quelconque, qu'il faut expliquer la négligence avec laquelle on la traite communément. On s'inquiète fort peu, en général, de la préparation du sol à son égard. Les uns se contentent de retourner le chaume du blé et de jeter à la volée la semence qu'on enterre par un labour superficiel; les autres déchaument, puis, 15 jours après, donnent un second labour qui enfouit les fèves à mesure que des femmes les répandent à la main dans le sillon ouvert par le maître-valet; un petit nombre seulement prépare la terre d'une manière convenable. Après avoir renversé l'éteule, ils font passer la herse, donnent un premier labour lorsque les mauvaises herbes sont levées, sèment au second labour et hersent ensuite en croix. Cette pratique, très-louable, ne laisserait rien à désirer si on labourait à une plus grande profon-

deur, et si l'on fumait pour les fèves; dans
ce dernier cas, on pourrait enfouir le fumier
en même temps que la semence, surtout si
le sol était tenace.

L'usage le plus répandu est de semer les
fèves avant l'hiver, c'est aussi l'époque la plus
favorable pour assurer le succès de cette
plante dans la Haute-Garonne; l'expérience a
prouvé que les semailles de printemps y
donnent moins de grains, mûrissent plus
tard, et qu'elles sont plus exposées à la rouille,
au brouillard et à l'avortement. On sème depuis le mois d'octobre jusque dans le courant
de novembre. Ceux qui adoptent la culture
en rayons, tantôt laissent 75 centimètres d'intervalle entre les lignes et sèment très-dru
dans les raies; tantôt les lignes sont espacées
à 65 centimètres les unes des autres, de manière qu'il n'y ait de fèves que de deux rayons
en deux rayons, tantôt, enfin, on laisse un

intervalle de 97 centimètres entre chaque rangée. La proportion de semence varie depuis 100 jusqu'à 150 litres par hectare; à Caraman (arrondissement de Villefranche), il en est qui mettent 3 hectolitres en n'ensemençant que de deux raies l'une. La semaille en ligne devrait être adoptée partout, c'est la seule qui rende la culture des fèves à la fois économique et profitable.

Les fèves reçoivent ordinairement un sarclage et un buttage. La première façon se donne à la main, au commencement du printemps; la seconde s'effectue à la charrue et dans le courant de juin. On aurait plus d'avantage à faire passer d'abord la herse 15 jours après la levée des plantes et à se servir, pour les cultures de printemps, de la houe à cheval et du buttoir; le premier de ces instruments diminuerait beaucoup les frais de main-d'œuvre, et une fois l'espace compris entre les lignes façonné de cette manière, on n'aurait plus qu'à compléter à la main le sarclage dans la ligne même des plantes, opération toujours mal faite par les estivandiers, qui se croient dispensés de couper les chardons, la folle-avoine et les autres plantes nuisibles qui croissent parmi les fèves, sous le prétexte que la charrue doit les enterrer au moment du buttage. Le buttage a lieu un peu avant la floraison ; il couvre les fèves de terre jusqu'au tiers environ de leur hauteur.

Une température plutôt humide que sèche et le calme de l'atmosphère sont les deux conditions importantes pour la floraison ; malheureusement il est rare de les trouver réunies au mois de juin dans le département; la chaleur et les vents brûlants règnent souvent à cette époque et contrarient beaucoup la fructification.

Le point précis à saisir pour récolter demande une très-grande attention ; trop vertes,
les fèves sont sujettes à moisir, ou, du moins,
à se racornir ; trop mûres, elles s'égrènent
avec une grande facilité ; beaucoup de cultivateurs perdent ainsi leur récolte. Il faut couper quand les gousses commencent à noircir.
Dans la Haute-Garonne, on se sert exclusivement de la faucille pour abattre les tiges.
Cette opération exécutée, on laisse les fèves en
javelles sur le sol pendant 8 à 10 jours, on les
porte ensuite sur l'aire où elles sont immédiatement soumises au battage par le fléau
ou le rouleau. Le procédé de dessiccation usité
dans plusieurs contrées nous semble préférable. Les fèves, après avoir été coupées,
sont réunies en javelles ; on les lie près des
têtes et on les dresse sur le sol en écartant le
pied de manière à former un cône vide à l'intérieur. Lorsque la dessiccation est avancée,
on place des liens de paille sur le sol et on y

étend les javelles; elles restent ainsi pendant 24 ou 48 heures; après ce temps, on en forme de petites bottes et on les transporte dans l'exploitation. On perd fort peu de grains par ce procédé.

Le rendement des fèves est extrêmement variable. Dans certaines années, les uns obtiennent 10, les autres 15, quelques-uns 20 hectolitres par hectare; les circonstances atmosphériques décident presque toujours de l'abondance ou de la pauvreté de la récolte; on ne peut nier, toutefois, que le peu de soin donné, en général, à cette plante, n'ajoute beaucoup à sa casualité. Une meilleure préparation du sol, l'application du fumier à cette culture, des sarclages et un buttage bien exécutés, atténueraient certainement l'effet de certaines causes nuisibles; dans tous les cas, ce n'est pas en abandonnant à la nature le soin d'en faire tous les frais qu'on peut espérer d'amener à bien les plantes même les moins difficiles ; leur réussite dépend aussi des façons qu'on leur donne. En résumé, les fèves, par leur valeur alimentaire et fourragère, méritent partout une place distinguée entre les plantes les plus utiles à l'agriculture. Leur rusticité et la facilité avec laquelle elles se laissent intercaler dans tous les assolements les rendent d'autant plus précieuses que le pays est moins riche en engrais et qu'il se trouve plus limité dans le choix de ses plantes de rotation ; les cultivateurs de la Haute-Garonne ne sauraient mieux faire que d'en faire un des pivots de leur agriculture ; ce serait une ressource nouvelle pour leur bétail, et, partant, une cause de richesse pour des terres qui ne demandent qu'à être fumées plus abondamment et bien sarclées, pour donner leur maximum de produits.

HARICOTS.

On cultive deux variétés de haricots dans le département : le haricot nain et le haricot grimpant ; tantôt ils sont semés seuls, tantôt ils sont intercalés dans la récolte de maïs.

Les haricots semés seuls sont du domaine exclusif de la petite culture. On prépare la terre par deux ou trois labours, quelquefois on n'en donne qu'un seul, mais les autres cultures ont lieu à la houe à main ; on regarde comme nécessaire que la surface du sol soit bien ameublie et que la terre ait été récemment fumée, quand elle n'est pas déjà en bon état de fertilité. Les semailles ont lieu depuis le mois d'avril jusqu'au 20 mai ; la semence est tirée de Montastruc, dans l'arrondissement de Toulouse. Les uns plantent par potées, les autres ensemencent toute la ligne; d'autres laissent un espace plus ou moins grand entre chaque haricot; on enfouit communément la semence par un labour superficiel. Les raies, chez quelques-uns, sont à la distance de 25 centimètres; chez le plus grand nombre, elles sont à 65 centimètres d'écartement; plusieurs les placent à 1 mètre 13 centimètres; un petit nombre, enfin, laissent 2 mètres d'intervalle entre les lignes; dans ce cas, toutes les façons se donnent à la charrue.

Le binage a lieu dès que la plante a émis ses quatre premières feuilles; on butte quelque temps avant que les haricots ne s'étendent. La récolte s'effectue généralement vers la mi-septembre. Dans la petite culture, on cueille les gousses au fur et à mesure qu'elles mûrissent, et l'on n'arrache les tiges que lorsque les derniers légumes sont mûrs. Dans la moyenne culture, on attend, pour enlever les tiges, que la plupart des gousses soient mûres; une fois enlevées du sol, on les porte sur l'aire, où elles achèvent leur dessiccation.

La graine s'extrait par le battage au fléau. Les gousses vides et les tiges servent de provende aux brebis.

Lorsque les haricots sont cultivés conjointement avec le maïs, soit qu'on les sème au pied même des tiges de la céréale, soit qu'ils occupent une ou deux lignes réservées à dessein entre chaque rangée de maïs, on leur donne les mêmes façons qu'à celui-ci. La cueillette se fait, tantôt gousse par gousse, en se réglant sur leur maturité, lorsque les haricots enveloppent le maïs de leurs tiges grimpantes; tantôt on récolte tous les haricots à la fois, quand ils occupent des rangées distinctes.

Le produit, regardé comme très-casuel,
varie entre 8 et 10 hectolitres par hectare
en récolte principale ; il ne s'élève qu'à 2 et
3 hectolitres en récolte additionnelle. Les
haricots passent pour très-épuisants.

LENTILLES.

On ne consacre, dans le département, que
fort peu de terrain à la culture de cette plante
exclusivement affectée à la nourriture de
l'homme. Beaucoup de localités n'en sèment
même pas du tout.

Les lentilles demandent une terre argilo-
siliceuse ; elles réussissent encore dans les
boulbènes légères, lorsque celles-ci sont en
bon état de fertilité.

Il est rare qu'on fume pour cette récolte :
toutefois, l'espèce ne tarde pas à dégénérer

quand on la sème dans une terre épuisée.
L'engrais décomposé est celui qui lui convient le mieux.

Pour les lentilles, on prépare la terre par
un labour donné avant l'hiver. Au printemps,
on laboure de nouveau, et l'on sème en avril
ou mai, dans la proportion de 80 litres par
hectare.

Les semailles ont lieu de trois manières :
à la volée, en lignes continues, et par potées.
La première rend les sarclages difficiles et
dispendieux ; les deux autres sont suivies
avec un égal succès.

Les lentilles reçoivent généralement deux
sarclages. Les uns les buttent, les autres s'en
dispensent, mais à tort ; car cette faible addition de main-d'œuvre est toujours compensée par l'abondance et la qualité des produits.

Pendant leur végétation, les lentilles sont sujettes à se brouillarder ; la rouille, qui les attaque alors, rend la récolte très-casuelle.

On arrache les tiges quand les gousses commencent à brunir ; aussitôt enlevées du sol, on les dresse en petites javelles : leur dessiccation s'achève sur l'aire.

Le rendement des lentilles varie entre 12 et 15 hectolitres par hectare.

POIS CHICHES.

Les pois chiches sont presque exclusivement cultivés à Montastruc, canton renommé pour son terrain extrêmement favorable à cette production.

Les sols argilo-calcaires sont ceux qui lui conviennent le mieux. On préfère aussi, pour cette culture, les situations élevées aux terres basses, parce que, dans ces dernières, les pois chiches sont plus sujets à se brouillarder : la rouille leur cause un grand préjudice.

Les pois chiches succèdent ordinairement au maïs. Le sol reçoit deux ou trois façons : la première, donnée avant l'hiver, s'exécute avec le pelversoir, les deux autres ont lieu à la charrue.

L'époque des semailles arrive ordinairement dans la première quinzaine d'avril. Quelques-uns répandent la semence à la volée ; le plus grand nombre sèment en lignes séparées les unes des autres par un intervalle de 70 centimètres environ. Le sarclage doit être pratiqué aussitôt que la plante a 8 centimètres de hauteur ; on butte quinze jours ou trois semaines après cette opération.

La maturité s'annonce par la couleur des
gousses. Ce moment arrivé, on arrache les
pois chiches à la main : on les laisse un jour
en javelles sur le sol, quand il fait beau ;
puis on les transporte sur l'aire, où ils sont
battus au fléau. Ils rendent, en moyenne, de
18 à 20 hectolitres par hectare.

PLANTES OLÉAGINEUSES.

COLZA.

Cette plante, récemment introduite dans
le département, a pris une certaine extension
depuis quelques années ; elle est même entrée dans les assolements chez plusieurs cultivateurs des arrondissements de Toulouse et
de Villefranche ; mais il est à craindre que
le climat de la Haute-Garonne l'empêche
d'être généralement adoptée.

Toutes les terres propres à la culture du

blé conviennent également au colza. Les excellents sols argileux de Toulouse et de Villefranche; les coteaux argilo-calcaires de Montastruc, Caraman, Saint-Félix, Auriac; l'excellent fonds de Montgiscard, Miremont, Saint-Sulpice et Carbonne; les plaines argilo-siliceuses de Valentine, réunissent toutes les conditions requises pour la réussite de cette plante.

La terre destinée au colza doit recevoir au moins deux labours et une fumure abondante. L'engrais à demi décomposé vaut mieux qu'une fumure fraîche : le parc donne les plus beaux résultats.

La culture du colza a lieu de trois manières différentes dans la Haute-Garonne : à la volée, en lignes et en place, en lignes et repiqué. La première, suivie jusqu'ici par le plus grand nombre des cultivateurs, rend les binages difficiles et très coûteux; elle est absolument vicieuse toutes les fois qu'on se dispense de sarcler. La semaille en ligne et en place n'a été encore pratiquée que par le petit nombre de propriétaires qui se servent du semoir Hugues : les avis sont très-partagés sur les résultats de cette méthode. Dans ces derniers temps, quelques personnes ont essayé de semer le colza en lignes dans l'intervalle de chaque rangée de maïs. Deux femmes recouvrent la graine avec un râteau. Quand la récolte de maïs est enlevée, on éclaircit le colza, on le sarcle et on lui donne un léger buttage. Ce procédé, qui semble fort économique au premier coup d'œil, n'est praticable que dans une terre extrêmement riche ou fortement fumée, et, même dans ce cas, le sol éprouve un épuisement tel, que le produit du colza ainsi cultivé n'atteint jamais celui du colza repiqué.

Le repiquage est le mode le plus généralement adopté dans le nord de la France; c'est aussi celui qui semblerait le mieux se concilier avec les assolements usités dans la Haute-Garonne, puisqu'il permet de faire succéder, indifféremment le colza au blé ou au maïs, en repiquant dans le mois de novembre; malheureusement, la sécheresse du climat présente de graves obstacles à la levée du semis. Peut-être pourrait-on répandre la graine, soit aussitôt après avoir retourné le farouch, soit après avoir labouré le chaume des vesces; dans l'un et l'autre cas, il serait nécessaire de rouler à plusieurs reprises l'ensemencement afin de conserver un peu de fraîcheur dans le sol; ce moyen toutefois risque fort d'être infructueux si le vent d'autan vient à souffler au moment de la levée du colza ou si la sécheresse se prolonge.

Les expériences récentes faites par M. Leblanc du Vernet, peuvent être consultées avec utilité pour lever les obstacles qui s'opposent à l'établissement des semis. L'année dernière (1840), il a fait plusieurs semis dans le courant de juillet. Quelques-uns, dans des terres fraîches, ont parfaitement réussi, et lui ont fourni un replant vigoureux qui fut repiqué sur une terre précédemment semée en blé et à laquelle on venait de donner deux façons; en août, il sema de la graine de colza sur un maïs nouvellement biné; le replant devint très-beau, tandis que du colza semé en septembre sur une terre labourée après la récolte de blé, resta faible et ne donna qu'un replant médiocre. C'est donc au cultivateur à étudier les circonstances locales où il se trouve, pour s'en faire d'utiles auxiliaires.

Le repiquage, après avoir été exclusivement pratiqué à la main, s'effectue aujourd'hui à la charrue. Une paire de bœufs attelés par un joug fort court ouvre le sillon, des femmes munies de paniers dans lesquels se trouve un certain nombre de replant, placent le colza de distance en distance dans la raie ouverte, en l'appuyant contre la bande de terre renversée par l'instrument; une deuxième charrue, tirée par des bœufs attelés à un joug très-long, couvre le colza; des femmes armées de binettes dégagent les plants dont le collet se trouve trop enterré.

En général, on ne donne qu'un seul sarclage au colza. Cette façon suffit lorsque le plant a été repiqué, mais s'il avait été semé en place, il serait nécessaire d'en donner une seconde; dans ce cas, il faut sarcler une fois à l'automne, et une autre fois au printemps, un peu avant que le colza commence à monter.

La maturité du colza est regardée comme

une époque très-critique par les cultivateurs. Une journée de brouillard ou de vent d'autan, quand la récolte commence à grener, suffit pour en détruire une partie; les siliques blanchissent alors tout d'un coup et la graine avorte; c'est là un des accidents auxquels on est le plus exposé dans la Haute-Garonne et qui ajoute encore aux difficultés que présente cette culture. On sait, en effet, que la maturité du colza s'effectue d'une manière très-inégale. La sommité des tiges est déjà jaune, que les siliques inférieures sont encore vertes; laisse-t-on dépasser le moment favorable pour couper, on perd la meilleure graine; récolte-t-on, au contraire, sur le vert, la graine se racornit, se conserve mal et rend très-peu d'huile à la pression.

La dessiccation du colza s'opère généralement en laissant pendant plusieurs jours la plante en javelles sur le sol.

Le battage s'opère en plein champ, sur une aire préparée à cet effet ; on y transporte les javelles à l'aide d'une toile soutenue par deux perches. Elles sont immédiatement battues au moyen de fourches en bois et de fléaux.

Outre le colza, on cultive encore, dans la Haute-Garonne, la cameline et le chou-rave, comme plantes oléagineuses ; mais ces récoltes jusqu'ici n'ont pas franchi les jardins ; elles servent uniquement aux besoins du maître-valet et de sa famille ; la graine ne forme pas un objet de commerce dans le département.

PLANTES TEXTILES.

LIN.

Il est peu d'exploitations où l'on ne cultive quelques ares de lin pour les besoins du ménage ; mais il n'en est aucune, à notre connaissance, où cette plante prenne une place importante dans les assolements.

En général, on met le lin dans les meilleurs fonds, ou, du moins, dans les sols qui sont en bon état de fertilité. Tantôt il succède au blé, et, dans ce cas, il est toujours fumé; tantôt on le sème après ou avant une récolte de pommes de terre; quelques-uns le placent aussi après le maïs.

Après une de ces trois récoltes, le sol reçoit ordinairement deux labours; plusieurs cultivateurs, cependant, donnent jusqu'à quatre labours après le blé, et préparent encore la terre par des hersages répétés avant et après la semaille; on émotte avec le maillet lorsque la surface du champ est très-gromeleuse : ce but serait atteint d'une manière plus économique et plus efficace, si l'on se servait du rouleau conjointement avec la herse.

L'époque ordinaire des semailles arrive en octobre ; la quantité de semence employée varie depuis 2 jusqu'à 3 hectolitres par hectare. A Villaudric, dans les boulbènes légères (terres à seigle et à vigne), on répand à la volée 7 hectolitres par hectare.

Le lin reçoit communément deux ou trois sarclages. Le premier se donne vers la mi-mars, les autres s'exécutent aussitôt que les mauvaises herbes reparaissent dans le champ. Dans plusieurs localités de l'arrondissement de Toulouse, on a la mauvaise habitude de différer le dernier sarclage jusqu'au moment où les capsules se forment. Il en résulte, d'une part, qu'on aperçoit difficilement les herbes parasites ; de l'autre, que les femmes chargées de les extirper nuisent beaucoup à la récolte, en foulant les tiges de lin, qui, à cette époque de leur végétation, ont perdu leur première flexibilité, et ne se relèvent plus lorsqu'elles ont été couchées par les ouvriers.

Le moment de récolter le lin est annoncé par la couleur brune des capsules. Les tiges s'arrachent par poignées; les uns les étendent sur le sol, en javelles liées avec un brin de lin; les autres déposent la récolte en croix sur terre. Dans le canton de Revel, on dresse les javelles en rond sur le sol, les têtes appuyées les unes sur les autres; les pieds sont écartés, afin que l'air circule dans cette espèce de moyette. On extrait la graine avec un maillet, lorsque les têtes sont suffisamment sèches.

Le rouissage s'effectue, en général, dans l'eau; le lin y séjourne pendant six à huit jours. On trouve qu'il est plus beau quand on s'est servi d'une eau courante. Dans plusieurs localités, on préfère le rouissage à sec;

le lin reste alors étendu pendant un mois ou six semaines sur le sol ; l'air et la rosée lui communiquent une légère teinte grisâtre , mais aussi il est plus doux au toucher.

Le rendement du lin dépend entièrement des chances plus ou moins favorables de la saison.

CHANVRE.

Le chanvre , de même que le lin , n'est cultivé, dans les métairies , que sur quelques ares de terrain , et seulement pour l'approvisionnement de la maison ; on lui réserve toujours les sols les meilleurs et les mieux fumés avec un engrais décomposé.

La terre destinée à porter du chanvre ne saurait être trop ameublie. En général, dans la Haute-Garonne, on lui donne trois ou

quatre labours, dont deux ont lieu avant l'hiver; ceux du printemps précèdent immédiatement la semaille et n'ont pas besoin d'être
profonds, lorsqu'on a déjà labouré à 2 7 centimètres pendant l'automne. La charrue, dans
ce cas, peut être remplacée par l'extirpateur,
ou même par un hersage vigoureux.

L'époque ordinaire des semailles est du
20 au 30 avril, plus tôt ou plus tard néanmoins, selon que la saison est avancée ou
retardée; car on a bien soin de ne pas exposer
la levée du chanvre à des gelées tardives. On
sème dans la proportion de 250 litres par
hectare. La semence est enterrée à la herse;
un tour de rouleau devrait toujours compléter
l'opération, surtout lorsque le temps est sec.
Depuis le moment où la graine est mise en
terre jusqu'à sa levée, il est nécessaire de
poster un enfant dans le champ, afin d'en
écarter les oiseaux. Cette précaution cesse

d'être utile dès que la plante a atteint 2 ou 3 centimètres de hauteur.

La récolte du chanvre s'effectue à deux reprises différentes : vers la fin de juillet ou les premiers jours du mois d'août, et dans le mois de septembre. On arrache les pieds mâles quand ils ont jeté leur poussière pollinique, et on les soumet aussitôt au rouissage dans l'eau. Les pieds femelles ne sont enlevés qu'un mois après ceux-ci ; avant d'être rouis, ils subissent la préparation suivante : on réunit un certain nombre de javelles, on en forme de petites meules qu'on dresse sur le sol, en ayant soin de les placer la tête en bas et de couvrir les panicules d'une *levée* de terre ; celles-ci restent cinq à six jours en cet état, les graines y complètent leur maturation. Ce point obtenu, on extrait la semence au fléau ; le chanvre est ensuite porté au rouioir. Les pieds mâles restent ordinairement

quatre à cinq jours dans l'eau ; les pieds femelles y séjournent pendant huit jours : les
premiers donnent la filasse la plus fine. On
reconnaît que l'opération du rouissage est
achevée, lorsque les fibres se détachent aisément. Au sortir de l'eau, on place le chanvre
contre un mur, ou bien on l'étend sur le sol,
pour le faire sécher; on le serre ensuite sous
un hangar ou dans un grenier, jusqu'au moment du teillage. On obtient, en moyenne,
de 5 à 600 kilogr. de filasse par hectare.

RÉCOLTES-RACINES.

Les seules récoltes de ce genre, dans la
Haute-Garonne, sont la pomme de terre et
les betteraves.

POMMES DE TERRE.

Les pommes de terre sont presque exclusivement cultivées dans la partie montagneuse du département; elles y réussissent très-bien; dans la plaine, au contraire, leurs produits sont peu abondants.

Dans la montagne Noire, près de Revel, on laboure le sol, après l'hiver, à 21 centimètres de profondeur; quinze jours ou trois semaines après, on donne un second labour en travers, on charrie le fumier, et on l'enterre avec la semence, par un troisième labour donné superficiellement. Les tubercules sont placés à 28 centimètres dans les lignes : ces dernières se trouvent espacées les unes des autres à la distance de 81 millimètres. On plante du 1er au 15 avril.

Dans les cantons d'Aspet et de Bagnères-de-Luchon, on suit une autre méthode. Quand les pommes de terre succèdent au blé, on donne un labour avant l'hiver, et deux autres au printemps. Lorsqu'elles viennent après le lin, on se contente souvent d'un seul labour précédé d'un hersage. Les tubercules sont coupés en plusieurs morceaux; quelques cultivateurs poussent même l'économie jusqu'à ne semer que des pelures de pommes de terre ; aussi les produits répondent-ils à cette pratique, qui ne se justifie qu'autant que la disette se fait sentir, ou que la récolte précédente de pommes de terre a rendu la semence très-rare. Dans ces deux cantons, les labours préparatoires pour cette culture sont trop superficiels ; on sait cependant que la pomme de terre réussit d'autant mieux qu'elle se trouve dans un sol plus meuble et remué à une plus grande profondeur. La quantité de semence employée par hectare varie depuis 10 jusqu'à 15 hectolitres. On plante du 1er mai au 15 juin.

Plusieurs cultivateurs ont adopté l'excellente pratique de herser les pommes de terre, soit un peu avant leur levée, soit lorsqu'elles commencent à sortir de terre. Cet usage devrait être suivi partout où le sol est sujet à se battre et à se couvrir de mauvaises herbes; les pommes de terre ne craignent nullement cette façon, qui, du reste, ne dispense pas des autres cultures.

En général, les pommes de terre reçoivent deux binages et un buttage. Ces mêmes cultures s'effectuent à la main dans la plupart des localités; on les remplacerait avec avantage par la houe à cheval et le buttoir.

La récolte a lieu, dans plusieurs contrées, au commencement d'octobre; dans la montagne, elle se prolonge jusqu'au 15 novembre. Le plus grand nombre arrache les tubercules avec un trident ou une pioche; quelques-uns seulement se servent de la charrue pour récolter les tubercules. Les cultivateurs de la plaine conservent leurs récoltes dans des caves ou des celliers; ceux de la montagne les mettent dans des silos qui contiennent depuis 8 jusqu'à 12 hectolitres. Les uns obtiennent 120, les autres 200 hectolitres par hectare.

BETTERAVES.

Sauf quelques rares exceptions, qui ont disparu elles-mêmes depuis le nouvel impôt dont on a chargé la fabrication du sucre indigène (1841), la betterave n'est cultivée que sur une petite étendue, et plutôt comme addition à la nourriture du bétail que pour former sa nourriture principale d'hiver.

En général, les betteraves ne sont pas cultivées seules; on les intercale entre les rangées de maïs; elles y occupent un nombre de lignes proportionné au nombre de têtes de bêtes à laine que tient chaque propriétaire. De ce mode de culture, il résulte que le sol planté en betteraves ne reçoit d'autres préparations que celles qu'on donne à la terre qui doit porter du maïs.

La variété communément adoptée est la betterave champêtre ; on cultive aussi, en assez grande quantité, celle dite de Silésie, dont le collet ne fait point saillie hors du sol. La semaille a lieu en avril et en mai. On ouvre, avec une binette, une rigole dans les lignes destinées aux betteraves ; une femme y répand à la main la semence ; celle-ci est recouverte à l'aide d'un râteau.

On éclaircit dès que la plante a atteint quelques centimètres de hauteur. Les binages et les sarclages ont lieu, ou du moins doivent s'exécuter chaque fois que le sol le demande, et il le demande souvent ; mais ce n'est qu'à ce prix qu'on peut compter sur des produits abondants.

La récolte se fait en septembre et dans la première quinzaine d'octobre. Les racines s'arrachent avec la fourche ou le pelversoir.

Les betteraves, réservées jusqu'ici pour les brebis portières, forment une excellente nourriture pour les bêtes à cornes : il convient de les leur donner coupées.

La meilleure manière de conserver les betteraves consiste à les mettre dans des silos. Aussitôt l'arrachage effectué, on décollète les racines avec une serpette ou une faucille, on les range avec soin dans des fosses de 65 centimètres à 1 mètre de profondeur, et on les recouvre d'un lit de terre de 24 centimètres environ d'épaisseur. Lorsque les betteraves ont été récoltées bien saines, elles peuvent se conserver dans les silos jusqu'à la fin de l'hiver. Ceux qui préfèrent loger la récolte dans des bâtiments doivent avoir soin de mettre un lit de paille entre la muraille et les racines; cette simple précaution suffit pour écarter l'humidité.

PLANTES FOURRAGÈRES.

Les plantes fourragères cultivées en prairies artificielles dans la Haute-Garonne sont: la vesce, le trèfle rouge, le farouch, la luzerne et le sainfoin.

VESCE.

La vesce se sème à deux époques principales : à l'automne, pendant les mois d'octobre et de novembre; au printemps, dans le courant de mars. La vesce de printemps ne donne jamais des récoltes aussi abondantes que la vesce d'hiver.

Les vesces sont rarement semées seules, on les mélange le plus souvent avec du seigle, de l'avoine et des fèves. Le sol est préparé par un ou deux labours; on sème dans la proportion de deux hectolitres par hectare. Il est rare qu'on fume pour cette plante; on ferait mieux cependant de lui appliquer l'engrais de préférence au blé, car elle est très-peu épuisante de sa nature, et sa végétation épaisse étouffe promptement les mauvaises herbes apportées par le fumier.

Le moment de récolter varie suivant que l'on destine les vesces à servir de nourriture verte ou qu'on veut en prendre le grain; dans le premier cas, on fauche lorsque la plante est bien en fleur; dans le second cas, on attend que la plupart des gousses offrent une teinte jaunâtre. Ceux qui veulent convertir la vesce en fourrage préfèrent ne récolter que lorsque le grain est déjà formé dans une partie des gousses; sous cet état, elle forme une excellente nourriture pour les bestiaux, il est seulement fâcheux que son fanage soit aussi difficile; une pluie abondante, quand elle est en andains sur le sol, suffit pour lui faire perdre une grande partie de sa valeur.

Le rendement des vesces dépend beaucoup des circonstances atmosphériques qui ont accompagné leur végétation, aussi est-il impossible d'en fixer le chiffre exact.

TRÈFLE ROUGE.

Le trèfle rouge, introduit il y a cinquante ans environ dans le département, est cultivé aujourd'hui dans la plupart des métairies;

tous les cultivateurs s'accordent à le regarder comme l'une des bases les plus fermes de la prospérité de leurs champs; il réunit, en effet, à un haut degré, les principales conditions qui recommandent une plante fourragère auprès des agriculteurs.

Les *terres-forts,* ainsi que les terres argileuses qui, sans être humides, conservent longtemps leur fraîcheur, sont celles qui conviennent le mieux au trèfle.

Partout on sème le trèfle dans le blé, le seigle ou l'avoine, jamais dans le maïs. L'usage général est de répandre la graine en même temps qu'on bine les céréales; on l'enterre en passant un fagot d'épines sur le champ; quelquefois aussi on la laisse à nu sur le sol; mais, dans la plupart des cas, ne vaudrait-il pas mieux herser fortement la céréale et rouler avant la semaille du trèfle, puis répandre la graine et l'enterrer par un léger coup de herse? La céréale profiterait de ces cultures, et le trèfle placé dans une terre bien émiettée, lèverait avec une grande promptitude.

La proportion de semence varie selon les arrondissements.

Dans les bonnes terres de l'arrondissement de Toulouse, on emploie 20 kilogrammes par hectare. A Caraman et à Revel (arrondissement de Villefranche), on jette 25 kilogrammes de semence. Dans l'arrondissement de Muret, on sème 22 kilogrammes; dans celui de Saint-Gaudens, on emploie de 20 à 25 kilogrammes par hectare.

Certains cultivateurs suivent encore le vieil usage de semer la graine de trèfle enveloppée dans sa capsule; mais, de cette manière, il est difficile de répartir la semence

avec autant de régularité, et d'apprécier la
quantité qu'on doit en répandre : aussi en
voit-on qui sèment tantôt 10, tantôt 12 et
15 hectolitres par hectare, sans autre raison,
pour justifier ces diverses proportions, que la
coutume du pays. La graine dépouillée de
son enveloppe permet de mesurer exactement
la quantité de semence aux besoins du sol et
à sa préparation.

Les semailles de trèfle ont lieu communément dans le courant de mars ou dans les
premiers jours d'avril. On sème parfois aussi
à l'automne, mais le trèfle court la chance
d'être détruit par les fortes gelées. Lorsqu'il
résiste à l'hiver, il est ordinairement plus
beau que celui semé au printemps.

Le trèfle se faucille lorsque toutes les têtes
sont en pleine fleur. La méthode usitée pour
le faner est très-imparfaite : en général, le

jour même où le trèfle a été fauché, on l'épar-
pille avec des fourches, en le secouant à plusieurs reprises, de la même manière qu'on
en use pour le foin; on recommence la même
opération le lendemain, et vingt-quatre heures
après on le rentre. Les bons cultivateurs suivent un autre procédé : ils laissent, pendant
deux ou trois jours, le fourrage en andains,
tel que la faux l'a couché. Ce laps de temps
écoulé, on retourne le trèfle; et le même jour,
alors qu'il n'est encore qu'à moitié sec, on le
met en meules très-tassées, contenant environ
200 à 250 kilogrammes. Une fois emmeulé,
le fourrage peut rester, sans inconvénient, à
l'air libre, et l'on n'a plus à craindre qu'il
fermente dans le fenil. Le trèfle, séché de
cette manière, ne perd pas ses feuilles; il
conserve une belle couleur verte, ainsi que
son arôme, et, s'il survient du mauvais temps,
on n'est pas exposé à le perdre, comme cela
arrive souvent par l'autre méthode.

La plupart des cultivateurs de la Haute-Garonne sont d'avis que la culture du trèfle est surtout profitable lorsqu'on laisse la plante occuper le sol pendant deux années consécutives ; aussi n'est-ce que par exception qu'on défriche à la fin de la première année. Cette pratique, différente de celle suivie en Angleterre, en Allemagne, en Belgique, en Suisse et dans le nord de la France, est loin de trouver son excuse dans le succès. Dans le plus grand nombre des métairies, les trèfles de seconde année sont envahis par les mauvaises herbes, telles que l'orobanche, la carotte sauvage, les chardons, les bromes, etc. le fourrage est souvent clair ; et si les récoltes qui suivent ce trèfle sont ordinairement belles, il faut en savoir gré surtout à la jachère d'été qui ajoute toujours quelque chose à la fertilité du sol, et qui corrige une partie des inconvénients résultant d'un fourrage peu garni et sali par les mauvaises herbes.

La première coupe de trèfle fournit, la première année, de 5 à 6000 kilogrammes par hectare ; le regain ne donne que moitié de ce produit, souvent même la sécheresse le rend presque nul. La première coupe de la seconde année dépasse rarement 300 kilogrammes ; on en réserve communément une partie comme porte-graines.

L'usage de produire soi-même la graine de trèfle pour les besoins de l'exploitation est devenu aujourd'hui très-fréquent dans la Haute-Garonne, par suite de l'industrie frauduleuse que le commerce de cette graine a fait naître. Dans certaines localités, on se sert de cribles dont les mailles sont calculées sur un certain diamètre, pour tamiser des grains de sable d'un volume semblable à celui de la graine de trèfle, et auxquels on donne une coloration trompeuse à l'aide d'une préparation particulière. Il en résulte que le fourrage provenant de la graine du commerce est presque toujours trop clair et laisse plus de prise aux mauvaises herbes.

C'est donc avec raison qu'on cherche à s'affranchir des industriels de mauvaise foi, si communs de nos jours. Il n'est personne, heureusement, qui ne puisse soi-même produire la semence dont il a besoin, sans restreindre sa provision de fourrage. Un hectare de trèfle porte-graines bien réussi rend 250 à 300 kilogrammes de semence.

FAROUCH.

Le farouch, ou trèfle incarnat, passe pour un fourrage très-médiocre dans le nord de la France. Il n'en est pas de même dans la Haute-Garonne et dans les départements voisins ; on l'y considére, avec raison, comme l'une des plantes les plus précieuses pour nourrir le

bétail au vert : la différence de climat explique sans doute cette diversité d'opinions.

On connaît deux variétés de farouch, l'une
précoce et l'autre tardive; la première, bien
que semée à la même époque que la seconde,
fleurit quinze jours plus tôt, et permet ainsi
de prolonger économiquement l'usage si profitable de cette plante dans une saison où les
fourrages verts manquent encore. Dans plusieurs localités, notamment dans l'arrondissement de Saint-Gaudens, on ne cultive plus
que le farouch précoce ; il est presque toujours suivi d'une récolte de pommes de
terre.

Les terres qui conviennent le mieux au
farouch sont les terres argileuses friables. Il
réussit encore dans les sols légers; mais il
vaut mieux le placer dans ceux qui ont besoin d'être ameublis; car la propriété qu'il a

de pulvériser le terrain augmente nécessairement les inconvénients d'un sol déjà trop
poreux de sa nature.

Le farouch succède ordinairement au maïs
ou au blé. Quand on le sème dans la récolte
sarclée, on se contente de le jeter, sans préparation, entre les lignes du maïs. Après une
récolte de blé, les uns le répandent sur le
chaume, sans donner aucune préparation au
sol ; les autres commencent par labourer le
terrain, ils sèment ensuite le farouch et l'enterrent par un hersage ; quelques-uns se bornent à donner un hersage avant et après la
semaille. Cette dernière méthode devrait être
généralement adoptée, ne fût-ce que pour
faire germer une partie des mauvaises herbes
que contient le sol, et qui se trouveraient
étouffées par la végétation du farouch.

La semaille a lieu généralement dans le

mois d'août ou dans les premiers jours de septembre; il faut, autant que possible, profiter d'une pluie récente pour répandre la semence; on sème les graines enveloppées dans leurs capsules; celles-ci favorisent la germination.

Le farouch semé au mois d'août fournit déjà un pacage dans le courant d'octobre, et comme l'hiver, à moins d'être rigoureux, ne suspend pas sa végétation, on peut le faire pâturer jusqu'au mois d'avril et l'enfouir à cette époque pour lui faire succéder une autre récolte. La coutume générale, cependant, est de le laisser monter en fleurs pour le donner en cet état au bétail, et de faner ce qui ne peut être consommé en vert. Le point précis où il convient d'y mettre la faux demande une grande attention. La plupart des cultivateurs attendent que toutes les têtes soient bien épanouies pour couper; il serait préférable, suivant nous, de commencer à faucher dès que les premières fleurs paraissent ; on prolongerait ainsi la durée de la nourriture verte, et surtout on se procurerait un fourrage sec de meilleure qualité pour entretenir le bétail pendant le reste de l'année. Le farouch récolté dans un état de végétation plus avancé ne fournit que des tiges ligneuses presque entièrement dénuées de feuilles, et, partant, d'une médiocre valeur.

Le mode de fanage est le même que celui employé pour le trèfle. Quelques propriétaires néanmoins, au lieu de l'épandre de suite et de le secouer avec des fourches, le laissent en andains pendant deux ou trois jours ; ils le retournent ensuite et le *roulent en corde* avant de le rentrer.

On a remarqué qu'après le farouch, la ré-

colte du blé rendait très-peu de grain ; c'est
pourquoi plusieurs cultivateurs ont recom-
mandé de sacrifier la plante fourragère à la
céréale : ce conseil exagéré ne doit pas être
pris à la lettre. Si le farouch est nuisible aux
terres légères en augmentant leur porosité et
en les rendant impropres à la production du
blé dans un climat sec, il n'en est pas de
même pour les terres argileuses : le farouch,
sur ces dernières, produit les plus heureux
résultats ; il diminue leur cohésion à la surface, tout en laissant assez de fermeté au
fond, et l'enrichit de nombreux détritus dont
le blé fait son profit. L'objection n'est donc
sérieuse que pour les sols trop légers, qui,
du reste, conviennent mieux au seigle qu'au
blé : ceux-ci s'accomoderaient sans difficulté
d'une récolte d'orge après un trèfle incarnat
récolté dans le mois d'avril.

LUZERNE.

La luzerne, vulgairement connue sous le nom de sainfoin dans la Haute-Garonne, se place ordinairement dans les terres substantielles; non qu'elle ne puisse venir dans les sols de qualité inférieure labourés profondément et bien fumés, mais parce que ses produits sont plus abondants dans les véritables terres à blé.

En général, les cultivateurs de la Haute-Garonne entendent fort bien la culture de cette plante : tous sont persuadés qu'il lui faut des labours profonds; aussi beaucoup de propriétaires font-ils défoncer, au moyen de deux paires de bœufs, à 27 et 32 centimètres de profondeur, le terrain qu'ils destinent à la luzerne : l'expérience prouve que c'est le meilleur moyen de lui assurer une longue végétation ; avec des cultures superficielles, sa durée est considérablement abrégée.

La luzerne se sème dans les premiers jours
d'avril, lorsque la terre est déjà un peu réchauffée. Tantôt on la sème seule dans un
sol qui a porté, l'année précédente, du maïs,
et auquel on a donné depuis trois ou quatre
labours, dont un très-profond avant l'hiver ;
tantôt on la sème dans un fourrage vert de
maïs ; tantôt enfin on la sème dans une avoine
qui n'a reçu que moitié de sa semence accoutumée. Dans ce dernier cas, il est fort utile
de passer le rouleau après avoir enfoui la
graine par un coup de herse.

On sème dans la proportion de 25 à 30
kilogrammes par hectare, et toujours dru
plutôt que clair, afin que les tiges soient
moins dures et laissent moins de place aux

mauvaises herbes. On enfouit généralement
à la herse ou à l'aide d'un fagot d'épines.

L'excellent usage de plâtrer chaque année
le trèfle, la luzerne et le sainfoin, est ob-
servé dans la plupart des arrondissements.
On choisit, autant que possible, un temps
calme et humide pour répandre le plâtre; le
plus grand nombre le sèment, au mois d'avril,
sur les plantes en végétation; quelques-uns
trouvent qu'il agit mieux lorsqu'on le répand
dans les mois de novembre ou de décembre;
on en met 300 kilogrammes par hectare.

Plusieurs cultivateurs éclairés ont l'habitude de faire passer légèrement la charrue,
au printemps, dans les luzernes infestées
d'herbes; ils suppléent ainsi au hersage, que
personne ne pratique dans le département.
Cette opération est cependant très-utile à la
luzerne; ses résultats sont d'autant plus pro-

noncés que l'instrument agit avec plus d'énergie. L'époque la plus favorable pour herser
est le printemps, dès que les plantes commencent à pousser; il est encore fort avantageux
de passer la herse chaque fois qu'on vient de
faucher la luzerne; cette pratique est surtout
recommandée pour les vieilles luzernes.

Dans les terres de première classe, et par
une culture soignée, les luzernes donnent
jusqu'à cinq coupes; mais, en général, on ne
compte que sur trois, encore la seconde est-
elle souvent détruite par le *négril.*

Cet insecte, connu des entomologistes sous
le nom de *colaspis atra,* Latr. est un véritable
fléau pour les luzernières. A peine la seconde
coupe commence-t-elle à poindre, des my-
riades de larves de négril s'attachent aux tiges
de la plante, surtout à la partie inférieure; à
mesure qu'elles en ont rongé les feuilles, elles

passent à une autre ; on les voit alors se transporter par bandes innombrables à travers les
champs et le long des routes, pour se rendre
à une autre luzernière ; la distance, les obstacles ne les arrètent pas ; elles franchissent
murs et fossés ; leurs ravages ne cessent que
lorsque la seconde période de leur existence
est accomplie, et qu'elles s'enfoncent en terre
pour se métamorphoser en chrysalides. L'insecte, parvenu à l'état parfait, cesse d'ètre re-
doutable à la luzerne. Divers moyens ont été
proposés dans ces derniers temps pour combattre ce fléau. On a proposé de faire passer
le rouleau sur la luzerne au moment où ces
insectes y sont réunis par masses ; mais l'action
de l'instrument est en partie neutralisée par les
tiges mèmes de la luzerne ; les uns conseillent
de ramasser les larves, d'autres veulent qu'on
attaque de préférence l'insecte parfait vers l'é-
poque de son accouplement. Ces moyens, malheureusement, sont inapplicables en grande

culture. Le dernier procédé, toutefois, serait plus efficace : il contribuerait à détruire ces immenses générations que chaque femelle contient en germe dans son abdomen.

La première coupe de la luzerne se fauche généralement vers la mi-mai; on n'attend pas que la fleur soit épanouie, il suffit que le bouton commence à prendre une couleur foncée; les autres coupes se fauchent lorsque les têtes sont en fleurs.

La première coupe, quand elle est très-bonne, rend de 4 à 6,000 kilogrammes de fourrage sec par hectare; la seconde, ordinairement dévorée par le négril, est tenue pour nulle: la troisième se fauche en août, et rend un tiers de moins que la première; quelquefois on en conserve une partie pour porter graines. Le regain est pâturé par le bétail.

Le fanage de la luzerne s'effectue de la même manière que celui du trèfle ; aux mêmes procédés vicieux il est donc nécessaire d'apporter les modifications précédemment indiquées.

Une bonne luzernière dure communément huit ans dans la Haute-Garonne. On estime que le degré de richesse qu'elle laisse dans le sol répond au nombre d'années pendant lequel elle l'a occupé ; aussi abuse-t-on souvent de cette ressource pour charger le défrichement de récoltes successives de grains, sans donner la moindre fumure. C'est ainsi que, dans certaines localités, on trouve, sur des luzernes retournées, la rotation suivante : 1° maïs, orge ou avoine ; 2° blé, et, quand le fonds est très-bon, 3° blé, et toujours blé, jusqu'à ce que la folle-avoine envahisse complétement le sol, c'est-à-dire jusqu'à ce qu'on ne récolte plus qu'une maigre paille dans une terre aussi indignement traitée.

SAINFOIN.

Le sainfoin, appelé par erreur luzerne dans le département, et désigné indifféremment sous son ancien nom d'esparcet, occupe la plus grande partie des coteaux qui traversent les arrondissements de Toulouse et de Villefranche. On le cultive aussi dans l'arrondissement de Muret ; mais il y est bien moins commun, quoique les boulbènes légères d'une partie de cette localité lui conviennent mieux qu'à tout autre fourrage. Le sainfoin, pour les terres ingrates, serait un véritable bienfait ; il y opérerait certainement la même révolution que dans les plaines arides de la Champagne, transformées aujourd'hui en terres à blé, grâce à cette plante essentiellement améliorante.

Le sainfoin se plaît principalement dans les terres calcaires ; il réussit très-bien également dans les *terres-forts ;* mais il est rare qu'on le place dans ces sols d'élite ; on préfère, avec raison, les réserver pour la culture plus généreuse et plus profitable de la luzerne, encore que son fourrage le cède au sainfoin pour la qualité.

De même que pour le trèfle et la luzerne, le sol doit être labouré à une grande profondeur ; cette condition est d'autant plus nécessaire que le climat est plus sec. Le sainfoin se sème à deux époques, dans le courant de l'automne ou au printemps ; tantôt on le sème seul, tantôt dans une récolte de blé : la dernière méthode est la plus généralement suivie.

La quantité de semence qu'on emploie par hectare varie suivant les localités.

Dans l'arrondissement de Toulouse, on

répand 3 hectolitres par hectare ; dans la vallée du Touch, on emploie 4 hectolitres pour la même étendue de terrain.

Dans l'arrondissement de Villefranche, à Caraman, on sème dans la proportion de 5 hectolitres par hectare ; quelques propriétaires ajoutent encore 1 hectolitre, et trouvent que, de cette manière, le fourrage est plus tendre et plus recherché par le bétail.

A Revel, on ne met que 4 hectolitres. Dans les deux autres arrondissements, on sème le sainfoin dans la proportion de 3 à 5 hectolitres par hectare. La semence est enfouie généralement à la herse.

Le plâtrage a lieu vers la fin de mars ou dans le courant d'avril.

La fauchaison arrive quand les têtes sont

bien fleuries. Quelques-uns, cependant, attendent, pour couper, que les têtes soient
aux deux tiers défleuries; ils trouvent que
le fourrage forme ainsi une nourriture plus
profitable pour les chevaux, les mules et les
bêtes à cornes. Le sainfoin récolté en pleines
fleurs convient surtout aux bêtes à laine. Le
fanage s'effectue de même que pour le trèfle
et la luzerne.

La durée du sainfoin est ordinairement de
deux ou trois ans dans le département; on y
mêle parfois une certaine quantité de graine
de trèfle. Le blé qui succède à cette prairie
artificielle est toujours fort beau.

Dans plusieurs localités, on se plaint que
le sainfoin ne veut plus revenir, même après
un intervalle de douze ans entre les deux en-
semencements.

DES PRAIRIES.

Le département possédait autrefois de nombreuses prairies, le long du canal du Midi, dans les arrondissements de Toulouse et de Villefranche, ainsi que sur les bords de l'Ariége, de la Garonne, du Salat, du Tarn, du Touch, de la Longe, de la Save, du Girou et du Gers; mais, à l'exception des localités sujettes à être inondées, et de celles, malheureusement fort rares, où l'on dispose de cours d'eau propres à l'irrigation, on a converti la plupart des anciens prés en terres arables, et l'on a remplacé, par des prairies artificielles, les herbages naturels où l'on élevait jadis un nombreux bétail, mais devenu insuffisant en face des besoins d'une agriculture améliorée. Cette destinée sera, tôt ou tard, celle de toutes les prairies naturelles de la France qui ne pourront être

arrosées ; celles-ci doivent nécessairement disparaître à mesure que les procédés agricoles
perfectionnés augmenteront les ressources,
et, par suite, multiplieront les besoins de la
société.

Les plantes qui composent le fond des
prairies de la Haute-Garonne, sont, dans les
prairies basses :

Le ray-grass (*lolium perenne*),
La flouve odorante (*Anthoxanthum odoratum*),
Le paturin annuel (*poa annua*),
Le paturin des prés (*poa pratensis*),
Le vulpin des champs (*alopecurus agrestis*),
Le vulpin coudé (*alopecurus geniculatus*),
Le vulpin des prés (*alopecurus pratensis*),
La phléole noueuse (*phleum nodosum*),
Le fromental (*avena elatior*),
Le trèfle blanc (*trifolium repens*),
Le trèfle rouge (*trifolium pratense*),
Le lotier corniculé (*lotus corniculatus*),
La gesse des prés (*lathyrus pratensis*).

Dans les prairies élevées, on observe particulièrement :

La fétuque des prés (*festuca pratensis*),
La fétuque queue-de-rat (*festuca myuros*).
La fétuque pubescente (*festuca pubescens*),
L'avoine orientale (*avena orientalis*),
La folle-avoine (*avena fatua*),
L'avoine jaunâtre (*avena flavescens*),
La houlque molle (*holcus mollis*),
Le trèfle champêtre (*trifolium campestre*),
Le trèfle renflé (*trifolium fragiferum*),
La chicorée sauvage (*cichorium intybus*),
Et la jacée (*centaurea jacea*).

Les mauvaises herbes les plus fréquentes
dans les prés sont :

Le chrysanthème blanc (*chrysanthemum leucanthe-
mum*),
La renoncule âcre (*ranunculus acris*),
La renoncule rampante (*ranunculus repens*),
La renoncule bulbeuse (*ranunculas bulbosus*),
Le brome des prés (*bromus pratensis*),
Le brome mou (*bromus mollis*).

Le brome stérile (*bromus sterilis*),

La crête-de-coq (*rhinantus crista galli*),

La patience (*rumex patientia*),

La grande consoude (*symphitum officinale*),

Les fouchets et les joncs (*carex-juncus*),

Et la berce (*heracleum spondylium*).

La présence de ces dernières plantes indique que la prairie souffre d'un excès d'humidité ; il serait aisé de l'en débarrasser, en pratiquant des saignées au moyen de rigoles versant les eaux dans un fossé d'enceinte : les amendements calcaires, ainsi que la cendre, les composts et le fumier, contribueraient à les faire disparaître, et à les remplacer par du trèfle blanc.

Dans la plaine, on fauche les prés à la fin de juin, quand les plantes sont en pleine floraison. Les bons cultivateurs, au lieu de faner immédiatement après avoir fauché, ainsi qu'on a coutume de le faire, laissent, le pré-

mier jour, l'herbe en andains; le lendemain,
ils fanent, et, le soir même, ils mettent la
récolte en meules. Le foin reste ainsi en tas
pendant un ou deux jours; après ce temps,
il suffit d'ouvrir les meules quelques heures
avant de les charger sur des chariots. Con-
servé de cette manière, le foin garde son
arôme et est moins exposé à être altéré par
le mauvais temps. Les prés fauchés fournissent un bon pacage depuis le mois d'août
jusqu'en février; à partir de cette époque, on
en retire le bétail : les animaux ne devraient
jamais y entrer par des temps mouilleux.

Dans la montagne, les prés fournissent
ordinairement deux coupes et un regain,
quand ils peuvent être arrosés. Le procédé
d'irrigation usité consiste à diriger un cours
d'eau dans la partie supérieure de la prairie,
on en règle l'écoulement au moyen d'une
ardoise ou d'une planchette en bois, qui fait

l'office de vanne. Le mode de dessiccation est le même que celui dont on se sert dans la plaine.

Les prairies bien situées, c'est-à-dire dans des fonds sur lesquels les rivières charrient chaque année des matières limoneuses, rendent de 6 à 8000 kilogrammes de fourrage sec par hectare ; les prairies sèches ne donnent guère que 3000 kilogrammes. Toutes circonstances égales dans la végétation, la seconde coupe, dans la montagne, ne vaut jamais la première.

Les pâturages les plus estimés, dans les hautes régions, à 1600 mètres au-dessus du niveau de la mer, se composent essentiellement de trèfle des Alpes (*trifolium Alpinum*).

Les procédés employés pour conserver les fourrages dans la Haute-Garonne varient suivant les localités.

Dans la plaine, l'usage le plus répandu est de les mettre en meules rondes et coniques, soutenues dans le milieu par une perche; un certain nombre de propriétaires, néanmoins, logent leur foin sous des hangars ou dans des fenils.

Dans la montagne, on conserve le fourrage dans des bâtiments connus sous le nom de *granges*; de simples traverses séparent ordinairement le fenil de l'étable ou de la bergerie placée immédiatement au-dessous.

Les meules à l'air libre, lorsqu'elles ont été bien faites, conservent parfaitement toute espèce de fourrage; leur construction, sous forme de carré long, présente une grande facilité pour les couvrir et les préserver de de la pluie; de bons agriculteurs recommandent de les placer dans la direction du nord-ouest au sud-est, afin que la pluie ne les prenne pas en flanc.

DE LA VIGNE.

Toute espèce de sol ne convient pas également à la vigne, même dans les climats les plus favorables à sa réussite; les terrains où elle croît avec le plus de vigueur sont ceux où son pivot pénètre avec facilité ; dans les tufs très-durs, ses racines s'étendent latéralement au lieu de s'allonger perpendiculairement; par suite, elle y est moins vigoureuse, dure moins longtemps et exige des amendements fréquents. Les boulbènes légèrement cailalouteuses, telles que celles de Villaudric et de Fronton, passent pour les terres à vigne par excellence dans le département; celles de la rive gauche de la Garonne, dans les arrondissements de Muret et de Toulouse, n'auraient pas moins de valeur sous ce rapport, si on les cultivait avec autant de soin; les vignes en terres argileuses ne se recommandent que par l'abondance de leurs produits.

Suivant que l'on cultive la vigne en plaine ou en coteau, le terrain reçoit une préparation spéciale. Si le sol est plat, on le divise en planches séparées les unes des autres par des allées de deux mètres de largeur sur trente-deux centimètres de profondeur; la terre qui est extraite de cette espèce de rigole sert à exhausser la plantation et à ménager une pente pour l'écoulement des eaux. Lorsque le sol est fortement incliné, on dispose les planches dans le sens de la largeur, et l'on rapproche ou l'on éloigne les allées d'après le plus ou le moins de déclivité du coteau.

La plantation a lieu, chez les uns, dans les mois de novembre et de décembre; chez les autres, vers la fin de mars et au commen-

cement d'avril; elle s'effectue de deux manières : par le pal ou au moyen de fossés. Le
pal ou tige en fer de un mètre de longueur,
terminé à sa partie supérieure par une traverse de huit centimètres, est employé avec
avantage dans les boulbènes dont le sous-sol
se laisse entamer avec facilité ; le plant, par
cette méthode, doit avoir 65 centimètres de
long, on en garnit les trous faits avec le pal,
et, lors de la taille, on le rabat de manière
qu'il n'y ait que deux yeux au-dessus du trou ;
le premier œil, à partir du sol, peut être à
fleur de terre. La vigne plantée par ce procédé économique croît, il est vrai, moins
rapidement pendant les premières années,
mais son pivot pénètre fort avant dans le sol,
sans émettre de racines latérales, et dure
fort longtemps.

La plantation par fossés est très-dispen-
dieuse et doit être pratiquée seulement dans

les terrains qui ont peu de fond et dont le
sous-sol trop compacte ne pourrait être percé
par le pivot de la vigne. Ces fossés ont 45
centimètres de largeur sur autant de profondeur; il faut que le plant ait un mètre environ de longueur, on le courbe en travers
dans le fossé. Les vignes plantées de cette manière produisent plus tôt que celles plantées
au pal, mais aussi elles durent moins longtemps. En général, on ne fume pas le plant
à la première année; quelques-uns se contentent de jeter un peu de cendre au fond du
trou, en même temps qu'on y place le plant;
la plupart attendent à la troisième année pour
fumer avec des composts, du marc de vendange ou des cendres.

Le choix des cépages est très-mal observé
dans la Haute-Garonne. Il est peu de vignobles où toutes les variétés de raisin, même
disparates, ne soient confondues. Nulle part,

par exemple, on ne fait de distinction entre les vignes dont le produit doit être converti en esprit, et celle dont le raisin doit servir à la fabrication du vin; il en est de même à l'égard des vignes dont la maturité est précoce, et de celles chez lesquelles elle s'opère tardivement. Cette dernière considération, cependant est d'une haute importance pour la qualité du vin.

Les principales espèces cultivées dans le département sont, en raisins blancs: le mauzac et la blanquette; en raisins noirs, la durade, le villemur, le mauzac rouge, la mérille, le bouchalès et la négrette : ces deux dernières sont très-estimées.

La manière d'espacer la vigne n'est pas la même dans toutes les localités. Les uns placent les plants à 1 mètre environ d'une souche à l'autre, en laissant près de 2 mètres d'intervalle entre les lignes; les autres placent la vigne à 70 centimètres dans les raies, et mettent la distance de 1 mètre 80 centimètres entre les lignes. Ceux qui labourent leurs vignes à la bêche rapprochent davantage les plants.

C'est ordinairement à la fin de février ou dans le courant de mars qu'on taille la vigne. On recommande de ne laisser qu'un seul œil à la première taille, quelque vigoureux que soit d'ailleurs le cep, afin que le pied se fortifie davantage. Il vaudrait mieux conserver deux yeux, de peur d'accident, sauf à ne garder que le plus fort des deux bourgeons. Cette opération est nécessaire pendant les deux premières années ; plus tard, lorsque le cep est assez vigoureux, on taille sur deux ou trois yeux. Le nombre des branches ou coursons réservés dépend de la forme qu'on veut donner au cep. Le dresse-t-on en espalier, on sera nécessairement limité dans la quantité des branches à ménager; au contraire, si l'on dispose la vigne en gobelets, il sera facile de réserver plus de coursons, et, par suite, de multiplier les yeux; cette forme est généralement préférée. Un grand nombre de personnes se servent encore de la serpe pour tailler la vigne; l'emploi du sécateur est beaucoup plus économique.

La vigne plantée et taillée, il s'agit de pourvoir à sa culture. Le jeune plant reçoit une façon en avril et une autre au mois de juillet. Les vignes faites, lorsqu'elles sont plantées par rangées de 2 mètres, se façonnent à l'aide de bœufs ou de mules attelés à un joug très-long, afin qu'ils puissent marcher l'un dans une raie, et l'autre dans celle qui vient immédiatement ensuite. La première façon a lieu vers la fin du mois de mars. La charrue passe le plus près possible du pied

de la vigne ; elle adosse, à deux reprises différentes, la terre dans le milieu de chaque
rangée, de manière à former un billon de
quatre raies ; un homme armé d'une bêche
achève de déchausser la souche. La seconde
façon se donne à la fin de mai, et produit
un effet tout opposé au premier, c'est-à-dire
qu'on rapporte au pied des souches la terre
qu'on en avait tirée. De la sorte, chaque
ligne de vigne occupe l'arête de la planche
bombée, et ce qui était en billon forme une
rigole d'écoulement pour les eaux. De même
qu'à la première façon, des journaliers per-
fectionnent à la main le travail de la charrue ;
seulement ils rechaussent là où ils avaient
précédemment déchaussé.

L'usage de fumer la vigne est presque généralement adopté ; les terreaux, la colombine, les cendres, sont appliqués, dans le
courant d'avril, entre les deux façons que

reçoit la plante. On conseille, avec raison, de fumer peu à la fois, et de revenir à plusieurs reprises à cette opération ; une marche contraire conduirait à voir la vigne s'emporter en bois et à ne donner qu'un vin sans force et d'une conservation difficile. Ceux qui amendent le sol complanté en vignes en y cultivant de l'esparcet feraient mieux d'y semer du farouch ; la végétation annuelle de cette plante s'allierait très-bien avec les labours qu'exige la vigne.

Année commune, la vendange a lieu à la Saint-Michel ; elle se fait ainsi qu'il suit : des femmes coupent le raisin avec une serpette ou un couteau ; elle l'égrappent ordinairement, le mettent dans des comportes dont la capacité varie ; celles-ci sont placées sur des chariots, pour être conduites directement à la cuve. Les uns foulent le raisin avec les pieds, les autres le jettent dans la cuve

sans le fouler. En général, on laisse la fermentation s'établir librement; cependant, si
la vendange n'a pu être achevée le même jour,
ou lorsque le raisin a été récolté mouillé et
que le temps est froid, on fait bouillir deux
ou trois chaudières de moût et on les verse
dans la cuve, afin de donner une marche uniforme à la fermentation.

L'usage est de laisser le vin cuver pendant
un mois; quinze jours suffiraient; il est vrai,
sa couleur ne serait pas aussi foncée, mais
il n'aurait pas ce goût de moisi que les étran-
gers lui reprochent, et qui ne tient nullement
au terroir. Les excellents vins que fabrique
M. de Marsac dans sa propriété à Villaudric,
prouvent qu'avec des soins bien entendus,
on peut obtenir des vins recherchés : il faudrait, pour cela, se décider à modifier la
routine du pays; il faudrait surtout placer la
récolte dans des celliers appropriés. Ceux de

la Haute-Garonne, soumis à toutes les variations de l'atmosphère, suffiraient seuls, par leur construction vicieuse, pour détériorer le vin, lors même qu'on le fabriquerait d'après des procédés judicieux, que les tonneaux qui le renferment seraient tenus proprement et n'auraient pas de mauvaise odeur, et qu'enfin on ne négligerait pas de l'*ouiller* et de le soutirer chaque fois que cela est nécessaire.

Le rendement des vignobles varie beaucoup. A Fronton et à Villaudric, on obtient 4 barriques de 230 litres par arpent de 50 ares; à Cugneaux et à Saint-Simon, localités renommées pour les soins qu'on donne à la vigne et la fertilité du terroir, on récolte jusqu'à 7 barriques de 300 litres chaque. Il est vrai de dire que les produits de ces vignobles sont loin d'égaler en qualité ceux de Villaudric et de Fronton. Dans l'arrondissement de Muret, on compte, en moyenne, sur 4 à 5 barriques de vin par 5o ares.

Les vendanges terminées, il n'y a plus qu'une seule façon à donner à la vigne, c'est celle du *nettoiement*. Cette opération a lieu dans le courant de décembre; elle consiste à enlever tous les sarments qu'on ne veut pas laisser sur la souche pour servir à la production; par suite de ce travail, qu'on exécute à loisir, la taille du printemps se trouve extrêmement simplifiée. Les vignes ne sont pas labourées pendant l'hiver.

La manière ci-dessus exposée de cultiver la vigne dans la Haute-Garonne s'applique exclusivement aux trois arrondissements de Toulouse, de Villefranche et de Muret; dans l'arrondissement de Saint-Gaudens, le procédé usité est entièrement différent, la vigne se cultive en *hautains*.

On appelle de ce nom des vignobles plantés d'arbres, ordinairement d'érable champêtre (*acer campestris*), de cerisiers, étêtés à une certaine hauteur et destinés à servir de tuteurs à la vigne. Tantôt les arbres bordent simplement les champs, comme près d'Aspet, tantôt ils forment un quinconce de un ou deux hectares d'étendue; de leur pied partent un ou deux ceps de vigne qui, parvenus à la hauteur de 4 à 5 mètres, étendent leurs rameaux parmi ceux des arbres, projettent leurs branches d'un tuteur à l'autre et forment des espèces de guirlandes que l'on soutient au moyen de perches, de viorne et de vieux sarments; c'est sur ces cordons que se trouvent la plupart des fruits.

La vigne des hautains est généralement taillée en gobelets; chaque année, lors de la taille, on réserve un certain nombre de brins qui doivent courir d'un arbre à l'autre; sui-

vant la force du cep, on laisse quatre ou six.
yeux sur chaque brin.

Les hautains couvrent presque toujours à
leurs pieds une récolte de pommes de terre,
de blé ou de maïs, plus rarement, d'avoine ;
l'on a ainsi un double produit chaque année.
On laboure les hautains à la bêche où à la
charrue; ils sont ordinairement fumés avec
des composts. La vendange et la fabrication
du vin s'effectuent de même que dans les au
tres arrondissements.

Dans les localités où les hautains ont rem
placé les vignes basses, on assure que cette
manière d'établir les vignobles est la seule
qui permette au raisin de mûrir. Ce but serait certainement mieux atteint, si l'on substituait des échalas aux arbres, en guise de
tuteurs.

Le défaut de maturité que l'on craint, avec

raison, dans ces régions élevées, ne tient-il pas en partie à l'ombre constante que projette le feuillage des arbres sur les rameaux de la vigne? Ceux-ci sont obligés de lui disputer l'air et l'espace; les cordons, au contraire, qui ne sont pas gênés dans leur végétation, amènent le raisin à point; le remède est donc naturellement indiqué; il resterait seulement à décider si la qualité médiocre du vin que l'on récolte dans l'arrondissement de Saint-Gaudens pourrait supporter la dépense et l'entretien des échalas.

DU BÉTAIL.

Les animaux dont l'utilité se rattache aux intérêts de l'agriculture dans la Haute-Garonne peuvent être rangés sous deux catégories : les bêtes de travail et les bêtes de rente. Aux premières appartiennent les chevaux, les mules et les bêtes bovines; les se-

condes comprennent les bêtes à laine, les
porcs et les chèvres.

CHEVAUX.

L'élève des chevaux est un fait presque
exceptionnel dans la Haute-Garonne; la seule
éducation de ce genre qui s'y rencontre profitable a lieu dans un pays de montagnes où
les prairies arrosées fournissent une grande
quantité de foin et des pacages abondants.
Cette industrie, jadis florissante, tombée lors
du défrichement des prés naturels, éprouvera
de grandes difficultés à se relever, par suite
de la division sans cesse croissante des propriétés et des sacrifices qu'elle entraîne; et
aujourd'hui que la production de la viande
est devenue un besoin de première nécessité,
peut-être serait-il plus avantageux de s'attacher à la multiplication et au croisement de
la race bovine, cette mine féconde de ri-

chesse pour les pays agricoles qui l'exploitent avec intelligence.

Dans la montagne, l'élève des chevaux est, pour ainsi dire, abandonné à la nature. Une fois le mois de juin arrivé, on conduit les animaux dans les pâturages élevés; ils y restent nuit et jour, exposés à toutes les intempéries de l'air, sans gardiens, pourvoient eux-mêmes à leur nourriture en gagnant les lieux plus élevés à mesure que l'herbe des régions inférieures ne leur offre plus de ressources suffisantes, et redescendent dans les vallées à l'époque des premières neiges. On conçoit qu'une existence aussi nomade soit excellente pour développer les forces du jeune animal. Les chevaux soumis à ce régime sont, en effet, très-vigoureux; leurs membres jouissent d'une souplesse étonnante, leur allure est libre et dégagée, leur taille svelte est bien prise, leurs jambes sont fines, leur pied

est parfaitement sûr, et, n'était le défaut de
taille qu'on reproche à tous les chevaux des
Pyrénées, ces animaux fourniraient une race
tout à fait remarquable. Malheureusement,
les accouplements trop précoces nuisent à leur
développement, et neutralisent, dans le commerce, la plupart de leurs qualités. La jument
est ordinairement saillie, dans ces contrées,
dès l'âge de deux ans, et les animaux du
même sang sont seuls employés à la reproduction. Les étalons du haras de Tarbes, et
ceux envoyés chaque année à l'école vétéri-
naire de Toulouse, opéreraient un prompt
changement dans la race, si l'on pouvait décider les propriétaires à profiter de cette
ressource.

Le procédé d'éducation suivi par M. Durand, propriétaire riche et fort éclairé du
canton de Saint-Gaudens, mérite d'être rap-
porté ; les succès qu'il obtient engageront

peut-être les propriétaires placés dans des conditions semblables à l'imiter.

Il tire ses élèves de Tarbes à l'âge d'un an. Pendant trois années consécutives il les tient renfermés à l'écurie, sans attache aucune, dans des cases garnies de barreaux en bois (*boxes*). Les chevaux font trois repas par jour, le matin à la pointe du jour, à midi, et le soir à l'entrée de la nuit ; leur nourriture consiste en avoine et en regain mélangé avec de la paille hachée. Ils ont toujours de l'eau à discrétion : cette dernière condition est regardée comme essentielle, surtout dans le jeune âge. M. Durand a observé que le poulain d'un an boit une gorgée à chaque demi-heure ; à deux ans, le cheval boit toutes les cinquante minutes ; de trois à quatre ans, il ne boit plus que de deux heures en deux heures.

Les chevaux de cet habile propriétaire

sont achetés par les officiers chargés de la remonte.

MULES.

L'élève des mules, autrefois très-suivi dans les vallées situées au pied des Pyrénées, donne lieu, dans la Haute-Garonne, à un commerce particulier. Les propriétaires vont acheter, dans le département du Gers, des mules âgées de six mois, pour les vendre ensuite, à un an et demi, à des Espagnols.

Dans la petite culture, on se borne à faire pacager les mules; dans les exploitations plus considérables, outre la nourriture prise dans le pacage, on leur donne 10 kilogrammes de foin ou de regain. Aux approches de la vente, ces animaux reçoivent une ration plus abondante, on y ajoute même un peu d'avoine. Les mules sont vendues aux foires qui se tiennent dans le mois de septembre.

BÊTES BOVINES.

Les deux races dominantes dans le départe-
tement sont la race agenaise et la race gasconne ; celle de la montagne ne diffère de
cette dernière que par des proportions plus
petites, qui tiennent au régime particulier
auquel les animaux sont soumis dans les régions élevées. Ses autres caractères présentent
la même ressemblance dans l'une et l'autre
variété.

La race agenaise se recommande par son
corps allongé, sa taille élevée, et par une disposition naturelle à prendre graisse. On lui
reproche d'avoir la corne des onglons molle,
de se fatiguer aisément, de donner peu de lait
et de s'acclimater difficilement dans la Haute-
Garonne après avoir été élevée dans les pâturages fertiles du département de Lot-et-Ga-

ronne. La couleur de son poil est d'un blond pâle.

La race gasconne, la seule que l'on recheche dans les parties montagneuses du département, est généralement préférée pour le travail. Bien que d'une petite taille, elle jouit d'un tempérament robuste, supporte très-bien la fatigue, et se montre peu difficile sur le genre de nourriture. Ces qualités devaient nécessairement la faire apprécier dans un pays où presque tous les labours et la plupart des charrois s'exécutent par des bœufs et des vaches; en revanche, elle ne vaut rien pour l'engraissement, et doit être considérée comme très-mauvaise laitière. Son poil est de couleur gris de blaireau.

Ces deux races, très-répandues aujourd'hui dans le département, y existent surtout à l'état de croisement.

Les avis sont très-partagés sur le choix de l'étalon. Les uns, d'après ce principe que le mâle a plus d'influence que la femelle sur les produits, regardent le taureau agenais comme particulièrement propre à relever la petite race, et s'en servent exclusivement pour couvrir les vaches du pays; les autres, se fondant sur les avantages qu'on trouve à faire saillir la femelle bien développée par un étalon de moyenne taille, préfèrent croiser le taureau du Gers avec la vache agenaise; quelques-uns, enfin, conseillent de croiser avec des étalons de leur race les vaches tirées des environs de Nérac et de Marmande.

Dans les arrondissements de Toulouse, Villefranche et Muret, les cultivateurs font servir le taureau à la reproduction à l'âge de dix-huit mois; près Revel, et dans l'arrondissement de Saint-Gaudens, on l'emploie dès l'âge de huit et dix mois. Les vaches, dans le plus grand nombre des cantons, sont saillies à dix-huit mois ou deux ans, et souvent encore on les force de nourrir leur veau pendant un temps fort long. Comment s'étonner, après cela, que la race reste chétive et qu'on soit obligé, pour en prévenir la ruine totale, de la régénérer en faisant venir des animaux des départements environnants? Plusieurs propriétaires éclairés attendent que la vache ait deux ans et demi pour la faire saillir.

Le veau tette ordinairement sa mère; il serait mieux de lui faire boire le lait, ainsi que cela se pratique dans les meilleurs pays d'élèves de l'est, du nord et de l'ouest de la France. Lorsqu'on veut le livrer à la boucherie, on le laisse teter pendant cinq à six semaines, et, indépendamment du lait de sa mère, le veau prend encore celui d'une autre vache; à la fin de l'engraissement, il pèse de 30 à 35 kilogrammes. Quand il est destiné à devenir

un jour bête de travail, on le laisse ordinairement teter pendant six ou huit mois; toutefois, les procédés d'éducation offrent des différences notables.

A Balma, dans l'arrondissement de Toulouse, le docteur Audouit laisse le veau teter
pendant les cinq premiers jours de sa nais-
sance; passé ce temps, l'animal ne prend plus le
pis de sa mère que pendant quelques minutes;
il reçoit, pour toute nourriture, de l'eau et de
la luzerne. Il est bon de noter que dans cette
exploitation on n'a de veau qu'afin de se procurer plus de lait, la vente de cette denrée
étant très-lucrative aux portes de Toulouse.
Les vaches de ce propriétaire, excellentes
laitières, sont tirées de la Bretagne et tenues
avec le plus grand soin.

Dans l'arrondissement de Villefranche,
M. Blanc aîné, à Caraman, nourrit le premier

veau de ses vaches pendant deux mois seulement; au second vélage, l'animal tette pendant
huit mois; après ce temps, on l'*élargit,* c'est-
à-dire qu'on l'envoie au pâturage avec sa mère.
D'autres cultivateurs de la même localité ne
laissent le veau de boucherie teter plusieurs
vaches que pendant le dernier mois de l'engraissement; ils lui donnent aussi, à cette
époque, quelques poignées de fèves trempées
dans l'eau; les élèves sont sevrés à six mois,
et vont ensuite pâturer les vieux trèfles et
les regains d'esparcet.

Dans l'arrondissement de Muret, le veau
destiné à devenir bête de travail tette pendant
six mois; après ce temps, il va pacager avec
les autres bêtes bovines.

Enfin, dans l'arrondissement de Villefranche, le veau destiné à la boucherie tette sa
mère, ainsi qu'une autre vache, pendant deux

mois et demi, terme de l'engraissement. L'é
lève tette pendant trois mois et demi ou quatre
mois; on l'envoie ensuite au pacage. Dans la
montagne, où les bêtes à cornes sont conduites
aux pâturages élevés vers la fin de juin,
les eun es animaux qui y naissent tettent
leurs mères jusqu'au moment où celles-ci
redescendent dans la vallée, c'est-à-dire à l'automne. Dans cet arrondissement, les élèves
conservés pour la culture des champs et les
charrois sont bistournés à l'âge de quinze
mois; beaucoup de cultivateurs, dans les autres localités, les châtrent par le même procédé à l'âge de deux ans.

Dans la plupart des localités, on est dans
l'usage de faire travailler les bœufs et les vaches avant l'âge voulu par la nature. Beaucoup de cultivateurs les attellent déjà à la
charrue lorsqu'ils ont à peine trente mois;
quelques-uns même dès l'âge de deux ans.

Le nombre des heures de travail qu'on exige des bêtes bovines n'est pas le même partout.

Dans l'arrondissement de Toulouse, les uns leur font faire deux attelées, les autres, en petit nombre, une seule. La première a lieu, en été, depuis trois heures et demie du matin jusqu'à dix heures; la seconde, depuis trois heures du soir jusqu'à six; on trouve généralement que cette dernière fatigue considérablement les animaux, qui se trouvent ainsi exposés à toute l'ardeur du soleil sous un climat brûlant; l'hiver, les bœufs et les vaches ne font qu'une seule attelée depuis dix heures du matin jusqu'à quatre heures de l'après-midi.

Dans les autres arrondissements, les bœufs et les vaches travaillent depuis quatre heures du matin jusqu'à huit ou neuf heures; et, le soir, depuis deux heures jusqu'à quatre.

Près Revel, les animaux restent aux champs pendant quatre heures le matin, ils y retournent à une heure de l'après-midi et reviennent vers les cinq heures; souvent, pendant l'été, ils vont pâturer avant de rentrer à l'étable.

Une paire de bœufs ou de vaches laboure chaque jour de 25 à 30 ares.

Le genre de nourriture et le mode d'affourragement varient suivant les localités.

Dans l'arrondissement de Toulouse, les cultivateurs donnent chaque jour, pendant l'hiver, 12 à 15 kilogrammes de fourrage sec par tête de bétail; dans les grandes chaleurs, les animaux qui ne sont pas nourris au vert reçoivent du son.

Dans l'arrondissement de Villefranche, les bœufs et les vaches font trois repas; le premier a lieu le matin à trois heures, le second à midi, et le troisième à l'entrée de la nuit; chez plusieurs cultivateurs, les animaux vont, en outre, au pâturage de dix heures à midi et de cinq heures à neuf heures; leur nourriture à l'étable consiste en foin, en luzerne en esparcet, en farouch et en tiges de maïs.

Dans le canton de Revel, les bêtes à cornes soumises au travail font, le matin, à la pointe du jour, un premier repas consistant en fanes de vesces et de fèves; au retour de la première attelée, elles reçoivent un peu de foin et de paille avec des épis de maïs; le soir, en rentrant à l'étable, on les affourrage de nouveau avec de la paille et du foin.

Dans l'arrondissement de Saint-Gaudens, le premier repas, donné à trois heures du matin, consiste en trois kilogrammes de foin et de regain ; à midi, les bœufs et les vaches vont pacager ; le soir, à la fin de leur travail, on les conduit une seconde fois au pâturage, et, en rentrant à l'étable, elles trouvent 12 kilogrammes de foin pour passer la nuit.

Soit qu'on nourrisse les bêtes à cornes au vert ou au sec, il est prudent de ne pas leur donner leur ration aussitôt qu'elles rentrent des champs, parce qu'elles se jettent avec avidité sur la provende et sont alors promptement rassasiées. Il est préférable de les laisser en repos dans l'étable, au retour de chaque attelée, et d'attendre une demi-heure avant de leur donner leur ration ; celle-ci, prise tranquillement, leur profite beaucoup mieux. La meilleure méthode d'affourragement qu'on puisse employer est celle qui consiste à multiplier les repas en divisant en autant de portions la somme totale de nourriture qu'on

destine aux animaux; malheureusement, il
est fort difficile de plier les maîtres-valets ou
les bouviers à d'autres usages que ceux auxquels ils sont accoutumés; on aura un progrès
immense à signaler lorsque ces messieurs se
décideront à botteler les fourrages et à ne
pas gorger tout d'un coup de nourriture les
animaux qui leur sont confiés : aujourd'hui ,
on les affourrage au point de leur donner une
indigestion, sauf, le lendemain, à leur faire ex-
pier cette abondance par un jeûne prolongé.

Les soins du bouchonnage et du panse-
ment sont généralement bien observés dans
le département; il est aussi à remarquer que
les animaux y sont rarement rudoyés ou ac-
cablés de coups, ainsi que cela ne se pratique
que trop souvent en France. La plupart des
cultivateurs les préservent de la chaleur et
des insectes en les couvrant d'une toile qui
enveloppe une partie du corps de l'animal.

L'engraissement n'est un objet de spécu-
lation habituelle que dans de rares localités;
rien, pourtant, ne serait plus facile que d'é-
tendre cette ressource à tous les arrondissements. Il suffirait de combiner la culture des
récoltes-racines avec celle des plantes fourragères; de cette manière, les propriétaires
utiliseraient les bêtes de travail qu'ils sont
obligés de réformer; ils se créeraient une
masse considérable d'engrais de première qualité, et les avances qu'ils consacreraient à ce
genre d'industrie seraient largement remboursées par l'accroissement des produits;
c'est alors qu'on aurait trouvé le véritable remède à l'épuisement des récoltes de grains;
toute autre recette est un palliatif impuissant
pour réparer l'affaiblissement du sol.

BÊTES À LAINE.

Le morcellement des propriétés et le dé-

frichement général des prairies ont considérablement diminué la quantité des bêtes à
laine qu'on tenait autrefois dans le département; aujourd'hui, c'est, pour ainsi dire, une
exception de rencontrer des troupeaux de
4 à 5oo bêtes. La plupart des cultivateurs
qui se livrent à ce genre d'industrie n'entretiennent que de simples lots dont l'importance
numérique varie entre 6o, 8o et 1oo têtes.

Trois races de bêtes à laine existent dans
la Haute-Garonne : la race dite commune,
haute sur jambes, fortement membrée et développée, à laine courte, grossière et mélan
gée de brun et de noirâtre; les races mérine
et naz croisées de mérinos : ces dernières se
trouvent seulement chez quelques propriétaires.

En général, on compte un bélier par 4o
ou 5o bêtes. Dans la plupart des exploita-

tions, cet animal vit librement toute l'année parmi le troupeau ; aussi les agneaux naissent-ils à des époques très-irrégulières. Ce défaut est évité avec soin par les propriétaires de bêtes fines : chez eux, le bélier est nourri et tenu à part dans la bergerie ; on ne le mêle aux brebis que lorsque celles-ci vont entrer en chaleur. Le bélier et la brebis commencent à servir à la reproduction, chez les uns, à l'âge d'un an, chez les autres, à deux ans. M. le docteur Viguerie, dans son troupeau de naz-mérinos, emploie le bélier à dix-huit mois ; mais il attend que ses brebis aient deux ans et demi à trois ans pour les faire saillir.

L'époque de la monte n'est pas la même partout. La plupart la font commencer dès la mi-juin ; les agneaux viennent alors vers le milieu de novembre ; quelques-uns ne donnent le bélier que dans le commencement de juillet; dans la montagne, près de Revel, il en est qui retardent la lutte jusqu'à la fin du mois d'août. Beaucoup de propriétaires, à l'époque de la monte, donnent une ration d'avoine à leurs béliers : cette addition d'une nourriture substantielle, toujours bonne pour exciter l'ardeur de l'animal et entretenir ses forces, devient indispensable lorsqu'on tire deux portées par an des mères, comme cela a lieu auprès de Toulouse; encore est-elle insuffisante pour empêcher la ruine précoce du bélier; mais celui-ci, dans ce cas spécial, n'a qu'une importance minime : le point essentiel est d'obtenir du troupeau le plus de lait possible, sauf à renouveler brebis et bélier quand ils sont usés.

Aux environs de Toulouse, dans un rayon de près de deux lieues, les agneaux sont élevés jusqu'à six semaines, et vendus ensuite pour la boucherie. A partir de ce moment

jusqu'à celui où le lait tarit, les brebis donnent lieu à une industrie fort lucrative, laquelle consiste à porter leur lait à la ville,
où il se vend 20 centimes le litre. Les brebis
sont réputées bonnes laitières jusqu'à six ans.
Dans les autres contrées du département,
les agneaux sont sevrés à l'âge de six ou sept
mois.

La nourriture ordinaire du troupeau se
compose de paille et d'herbe, que les bêtes
vont prendre dans les pacages. Dans les exploitations bien conduites, on leur fait faire
habituellement deux repas par jour: le matin,
elles reçoivent 1 kilogramme de foin de pré
ou de trèfle; dans la journée, si le temps est
beau, on les envoie à la dépaissance; le soir,
elles ont de la paille pour passer la nuit. Les
brebis laitières sont principalement nourries
avec de la luzerne; elles vont, en outre, pacager, et reçoivent de la paille à discrétion.

La tonte se fait généralement dans la seconde quinzaine de mai ou dans les premiers jours de juin. Les bêtes communes de la plaine, bien nourries, rendent de 3 à 4 kil. de laine; celles de la montagne, beaucoup plus petites, ne donnent que 2 kil. 500 gr.

L'engraissement des moutons n'a lieu que par lots très-minimes, excepté dans l'arrondissement de Saint-Gaudens, où l'on se livre en grand à cette opération.

En général, les moutons sont engraissés à l'âge de trois ou quatre ans; rarement les garde-t-on jusqu'à la cinquième année. Ils reçoivent communément un peu de fourrage sec, des vesces macérées dans l'eau, des déchets de grains de maïs, ils vont, en outre, pacager dans les champs.

La méthode suivie dans l'arrondissement

de Saint-Gaudens présente quelques différences.

On achète les animaux vers la fin de
novembre pour les vendre gras en avril. Le
jour, ils vont pacager, et le soir, à la bergerie,
on leur donne de la paille. Les six dernières
semaines de l'engraissement, on remplace
l'affourragement en paille par un demi-kilo-
gramme de foin de regain ; quelques-uns
emploient aussi du grain et du son. Terme
moyen, dans cette localité, on retire 5 francs
de bénéfice, y compris la laine, par chaque
tête de mouton.

PORCS.

Le département de la Haute-Garonne possède deux races bien distinctes qui lui sont
propres, ce sont la race de montagne et la
race gasconne. On en voit encore une troisième dite race de Tonking ; mais celle-ci,

très-recherchée dans les premiers temps de son importation, est moins estimée aujourd'hui que les deux autres races indigènes.

Le cochon de montagne se distingue par sa taille allongée, la beauté de ses formes, et surtout par son extrême développement. Sa couleur générale est noire, à l'exception d'une raie blanche qui part du ventre et descend sur le grouin. Cette race a la chair et le lard moins fins que ceux des autres races; on lui reproche encore d'être mauvaise marcheuse.

Le cochon de Gascogne n'atteint pas un développement aussi considérable que la race précédente; ses formes laissent à désirer; mais il est excellent marcheur et s'engraisse aisément : sa chair et son lard sont recherchés, moins cependant que ceux des cochons tonkings.

Cette dernière race diffère entièrement des deux autres par son corps ramassé, bas sur jambes, son extrême facilité à prendre graisse, et surtout par la finesse et l'abondance de son lard.

Les truies sont généralement saillies à dix ou douze mois, par un verrat d'un an ; beaucoup de cultivateurs, néanmoins, commettent la faute de les faire couvrir à six mois et d'exiger deux portées par an : la ruine de la mère, la faiblesse des produits et la dégénération de la race protestent hautement contre cette pratique vicieuse.

Dans certaines localités, les cochonnets tettent leur mère pendant deux mois; dans d'autres, la truie les allaite jusqu'à trois mois : cette dernière est alors nourrie avec des fèves, des pommes de terre, du maïs et des eaux grasses.

La castration a lieu tantôt à six semaines,
tantôt à trois mois, suivant que l'allaitement
se prolonge plus ou moins. Une fois sevrés,
les petits *courent* pendant douze ou quinze
mois; il vont pâturer le long des chemins,
dans les champs et sur les regains de trèfle
et d'esparcet. Quand ils rentrent à la métairie, ils trouvent de l'eau grasse et du son pour
passer la nuit. Dans l'arrondissement de Saint-
Gaudens, ils en reçoivent encore une ration
le matin avant de sortir.

Le but des courses journalières des cochons est de leur faire prendre de la taille.
Plusieurs cultivateurs, pendant tout le temps
de la croissance, sont dans l'usage de faire
baigner les cochons; en cela, ils secondent
l'instinct de ces animaux, qui ne se vautrent
si souvent dans la fange et dans les mares
que par suite du besoin qu'ils ressentent
de se procurer de la fraîcheur : cette pra-

tique éclairée mériterait d'être suivie partout.

Dans le canton de Bagnères-de-Luchon, les cochons-élèves appartenant à chaque propriétaire sont réunis en une seule troupe; ils partent chaque matin, sous la conduite d'un enfant, pour aller pacager toute la journée dans les pâtures communales; ils rentrent tous les soirs à l'étable.

Les procédés d'engraissement usités dans le département varient suivant les localités.

Dans les arrondissements de Toulouse et de Muret, la nourriture ordinaire consiste en deux tiers de maïs, un tiers de pommes de terre, des eaux grasses et quelques litres de petit son. L'engraissement a lieu pendant l'hiver, et dure de six semaines à deux mois.

A Caraman (arrondissement de Villefranche), pays renommé pour l'élève et l'engraissement des porcs, on ne met à l'engrais que les animaux de douze à quinze mois. D'abord on leur donne par jour des herbes, 4 litres de son mêlés à des eaux grasses; quand ils ont consommé un ou deux hectolitres de son, ils reçoivent des seconds épis de maïs. Sur la fin de l'engraissement, le maïs est égrené; on le leur sert en farine délayée dans l'eau froide ou tiède.

Dans le canton de Revel, on commence par donner aux cochons à l'engrais des pommes de terre crues, puis on les leur sert cuites; ils ont, en outre, un peu de son et du maïs cru. Sur la fin de l'engraissement, ils consomment de la bouillie de maïs et des lavures de vaisselle.

Dans l'arrondissement de Saint-Gaudens.

on commence l'engraissement des porcs par une boisson dans laquelle on jette un peu de farine de maïs et des pommes de terre cuites écrasées. Dès que l'animal se lasse de cette nourriture, on lui substitue du maïs en grain qui contribue à former la chair. L'engraissement se termine par des fèves et de la farine de seigle; la farine d'orge donnerait plus de qualité à l'animal.

Tous les porcs soumis à l'engraissement, dans le département, restent constamment renfermés pendant la dernière période de leur vie.

CHÈVRES.

Les chèvres, qu'on devrait plutôt ranger parmi les animaux nuisibles à l'agriculture que parmi le bétail de rente, n'existent en troupeaux considérables que dans la partie montagneuse de l'arrondissement de Saint-Gaudens, surtout dans le canton de Bagnères-de-Luchon. Ces animaux causent de grands dégâts dans les bois communaux, en broutant les jeunes pousses des taillis. Réunis en nombre plus ou moins considérable, sous la conduite de pâtres à peine sortis de l'enfance, ils partent chaque matin de la ville de Bagnères, se répandent sur les coteaux et les montagnes des environs, et rentrent chaque soir à l'étable, au coucher du soleil.

Pendant toute la belle saison, les chèvres vont chercher leur nourriture dans les taillis; l'hiver, elles pacagent chaque fois que le temps le permet. Lorsqu'on est obligé de les tenir renfermées, on leur donne un peu de foin et des branches d'orme, de frêne, de coudrier cueillies au commencement de l'automne, et qu'on fait sécher pour servir de fourrage pendant la mauvaise saison.

Le lait de chèvre, mêlé au lait de vache, sert à fabriquer des fromages très-grossiers. Cette industrie, qui rappelle l'enfance de l'art, présente trop peu de ressources à ceux qui l'exercent, pour qu'on tolère indéfiniment les dégâts occasionnés par les chèvres : ce serait un service à rendre à l'agriculture que de proscrire ces animaux, ou du moins de prohiber le pacage dans les localités boisées ou en culture. Des troupeaux de vaches et de moutons remplaceraient avec avantage les chèvres dans tous les pays où les communes, ainsi que celle de Bagnères-de-Luchon, pos-sèdent d'excellents pâturages.

ENGRAISSEMENT DE LA VOLAILLE.

L'engraissement de la volaille, particuliè-rement des oies et des canards, se pratique avec un véritable succès dans la Haute-Ga-ronne.

L'hiver est la saison qu'on choisit ordinairement pour cette opération.

Les canards sont gorgés avec du maïs; les uns le donnent sec, les autres mouillé ; quelques-uns le font bouillir et le donnent tiède. L'engraissement dure de trois semaines à un mois : on a bien soin de ne pas laisser les animaux manquer d'eau.

Les oies, pendant les six premiers mois de leur croissance, sont nourries avec de la salade, des herbes hachées menu et du son. En novembre, on les renferme dans un local spécial. D'abord elles reçoivent du maïs cru, et, lorsqu'elles se lassent de cette nourriture, on la leur ingurgite avec un entonnoir. On a soin qu'elles soient toujours pourvues d'eau, qu'on leur donne également à l'aide d'un entonnoir. On les gave deux fois par jour; au commencement de l'engraissement, il est nécessaire de nourrir avec modération : les oies sont grasses après six semaines de ce régime. On recommande de les tenir dans un endroit obscur : cette précaution s'applique à tous les animaux que l'on soumet à l'engraissement[*].

[*] En résumant les détails qui précèdent, on pourrait signaler les améliorations suivantes comme les plus urgentes à introduire dans les habitudes agricoles du département.

1° Assainissement du sol par l'entretien des fossés, le nivellement des champs et l'établissement de pentes pour l'écoulement des eaux;

2° Préparation plus soignée des engrais; emploi de la matière fécale; marnage partout où il est praticable économiquement;

3° Adoption de bons instruments aratoires, notamment de la charrue Rouquet, de la herse Valcourt, d'un bon rouleau, de l'extirpateur, de la houe à cheval et du butoir de M. de Dombasle;

4° Labours profonds partout où la couche arable le permet et où l'on dispose d'une assez grande quantité d'engrais;

5° Préparation des *terres-forts* par l'emploi combiné de la charrue, de la herse, du rouleau et de l'extirpateur;

6° Emploi de la herse au printemps sur les céréales, telles que le blé et l'avoine;

7° Culture des récoltes sarclées à l'aide de la houe à cheval et du butoir;

8° Culture en rayons des fèves et du colza à l'aide des mêmes instruments;

9° Modification des assolements en y admettant une plus forte proportion de prairies artificielles;

10° Augmentation du bétail de rente;

11° Distribution réglée des fourrages aux animaux, addition de racines à leur nourriture d'hiver;

12° Entretien du bétail à l'étable pendant la plus grande partie de l'année, dans les localités qui n'offrent pas la ressource des pâturages de montagne.

FIN DU DÉPARTEMENT DE LA HAUTE-GARONNE

TABLE DES MATIÈRES

CONTENUES DANS CET OUVRAGE

FIN DE LA TABLE.

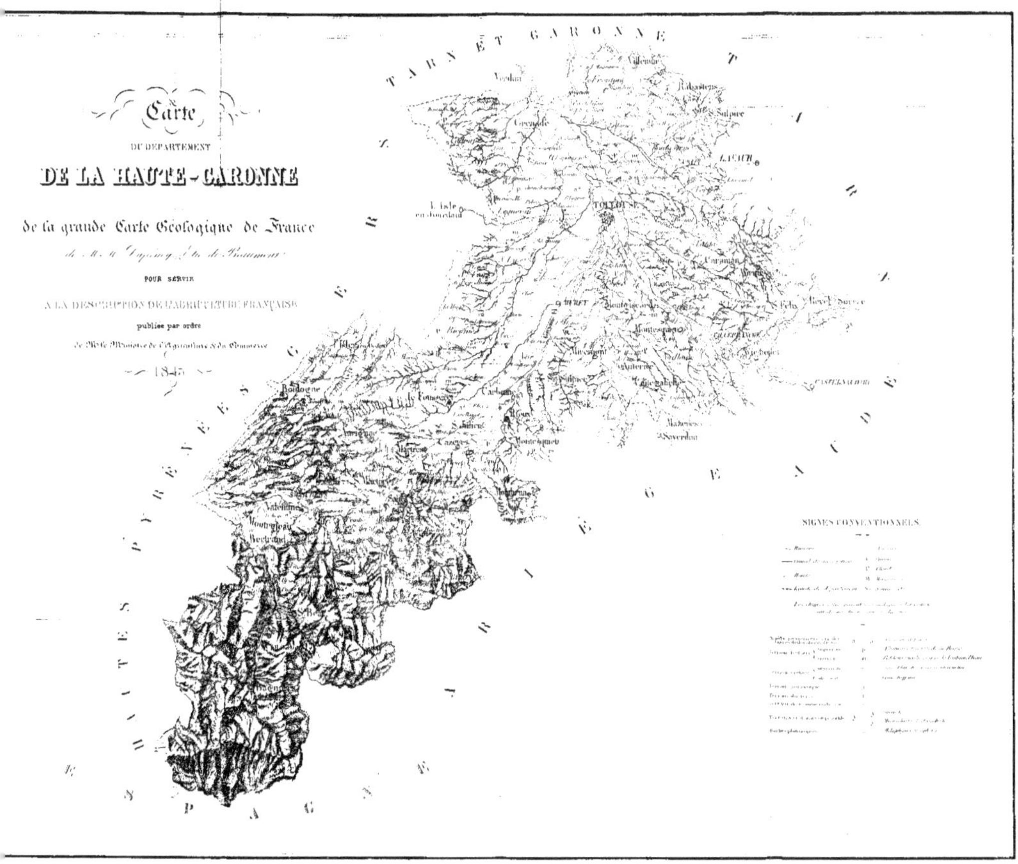

Carte
DU DÉPARTEMENT
DE LA HAUTE-GARONNE
de la grande Carte Géologique de France
de MM. Dufrénoy & Élie de Beaumont

POUR SERVIR

A LA DESCRIPTION DE L'AGRICULTURE FRANÇAISE

publiée par ordre
de M. le Ministre de l'Agriculture & du Commerce

1845

SIGNES CONVENTIONNELS